AF368629

REVUE GÉNÉRALE

DES ÉCRITS

DE LINNÉ.

TOME PREMIER.

REVUE GÉNÉRALE

DES ÉCRITS

DE LINNÉ.

TOME PREMIER.

REVUE GÉNÉRALE

DES ÉCRITS

DE LINNÉ;

Ouvrage dans lequel on trouve les Anecdotes les plus intéressantes de sa Vie privée, un Abrégé de ses Systêmes et de ses Ouvrages, un Extrait de ses Aménités Académiques, &c. &c. &c.

Par RICHARD PULTENEY;

Traduit de l'Anglois,

Par L. A. MILLIN DE GRANDMAISON;

Avec des Notes et des Additions du Traducteur.

TOME PREMIER.

A LONDRES;
& *se trouve*
A PARIS,
Chez BUISSON, Libraire, hôtel de Coëtlosquet, rue Haute-Feuille, n°. 20.

M. DCC. LXXXIX.

PRÉFACE.

LE nom de Linné est souvent répété parmi nous, mais peu de personnes ont lu ses Voyages, ses Aménités Académiques et ses Préfaces, remplies de si belles vues de la nature, exprimées avec tant de force et de clarté, dans lesquelles il n'a cependant jamais préféré l'éloquence à la raison, et l'imagination à la vérité. Ses travaux sur les différents ordres du Régne animal, sont presqu'inconnus ; et c'est à cette ignorance des loix, des définitions et des systêmes, créés par ce génie immortel pour en faciliter l'étude, qu'on doit attribuer le peu de progrès qu'ont fait en France les Sciences naturelles si prodigieusement avancées dans toutes les contrées du nord.

Cependant un nouvel ordre de choses se prépare ; plusieurs jeunes gens n'ont point été séduits par l'autorité imposante d'un nom célebre, et par les vives déclamations d'un de nos plus grands Ecrivains. La nouvelle génération n'apporte dans les Sciences que cette ingénuité et cette noble avidité des connoissances, dignes compagnes de la jeunesse laborieuse. Ces nouveaux initiés aux mysteres de la nature, osent se déclarer les disciples de l'école Linnéene, méditer ses principes, en faire une application suivie, et nous leurs devrons la conservation de ce feu sacré prêt à s'éteindre.

J'ai pensé que dans ces circonstances, il seroit utile de présenter un tableau de tous les Systêmes et des opinions de ce grand Naturaliste, pour inspirer le desir de les apprendre, et de les méditer à ceux qui veulent pénétrer dans les sciences, et pour en donner une teinture aux amateurs de ces belles connoissances, qui n'ont pas le temps de leur consacrer toute l'application qu'elles exigent.

L'Ouvrage de M. Pulteney, dont je publie aujourd'hui la traduction, m'a paru très-propre à remplir ce but ; il jouit en Angleterre (1) et dans les autres contrées de l'Europe, d'une estime méritée. Il offre, dans un court espace et dans un ordre chronologique et méthodique , la serie des immenses travaux de Linné, et l'on y peut suivre aisément la marche de son esprit, les progrès qu'il a fait faire à l'Histoire naturelle, et les réformes qu'il a introduites dans cette Science.

Mais il manquoit à cet Ouvrage plusieurs choses que j'ai cru devoir y joindre, pour le rendre encore plus utile.

Je n'ai eu recours qu'aux ouvrages même de Linné, pour l'analyse de ses Systêmes.

J'ai ajouté les noms françois à tous les noms latins , et indiqué sous chaque

---

(1) M. Coxe dans son *Voyage en Pologne, en Russie, en Suède et en Dannemarck , traduit par M. Mallet, 4 vol.* in 8. 1786, fait connoître l'Ouvrage Anglois du Docteur Pulteney , dont nous donnons ici la Traduction. « C'est , dit-il, une Analyse » excellente des Ouvrages de Linné et de ses Systêmes, » (*Voyage de Coxe*, in-8. Tome 3 , page 196).

genre les especes principales qui les com posent.

J'ai donné le tableau des Systêmes de Linné, relativement aux insectes, aux vers Mollusques et Testacés, et aux Zoophytes. M. Pulteney ne leur avoit consacré que deux ou trois pages.

Dans l'Extrait des Aménités, j'ai refait, corrigé ou augmenté plusieurs articles.

J'y ai joint l'Extrait des deux Volumes de Supplément qui ont paru l'année dermiere.

M. Pulteney n'étoit entré dans aucun détail, sur les réformes que les Systêmes de Linné ont éprouvé ; j'ai donné dans mes notes, des notions sur l'état de chaque partie de l'Histoire Naturelle, avant ses écrits et de ses progrès depuis leur publication.

J'ai rassemblé dans ces notes, tout ce qui pouvoit le mieux faire connoître la vie littéraire et privée de ce grand homme, et j'ai tiré de ses préfaces plusieurs traits qui m'ont paru singuliers, et qui peignent vivement sa maniere de penser et d'écrire.

J'ai cru devoir joindre à cet Abrégé, la traduction de quelques-uns de ses Ouvrages mêmes, et j'ai choisi deux Dissertations d'un genre différent.

La premiere est intitulée : ŒCONOMIE DE LA NATURE. Linné y a présenté ces vues générales qu'il savoit si bien peindre, et dans lesquelles on ne sçait ce qu'on doit le plus admirer, de l'étendue de son intelligence, ou de la grandeur des idées, de la propriété des expressions, ou de la singularité des rapprochements et des résultats.

La seconde offre un modele de ses Monographies ; on appelle ainsi les traités séparés écrits sur un seul genre, ou même sur une seule espece ; on y verra la méthode et la précision avec laquelle il procede.

J'ai ajouté dans le Catalogue que M. Pulteney avoit donné des Ouvrages de Linné, tous les nouvelles éditions qui ont été publiées depuis, elles sont marquées d'une *.

J'ai rédigé un index très-étendu des noms françois et latins, qui renvoie aux pages dans lesquelles on y trouvera l'explication. Cet index pourra encore servir de Glossaire pour l'intelligence de tous les ouvrages d'Histoire Naturelle, composés selon les principes de l'Auteur Suédois.

Je n'ai rien négligé pour rentre cet Ouvrage utile ; je n'ai réellement traduit que les cents premieres pages, et une partie de l'Extrait des Aménités.

M. Smith, possesseur des manuscrits et des collections de Linné, a bien voulu me communiquer quelques anecdotes, qui se trouveront dans mes additions.

REVUE GÉNÉRALE

DES OUVRAGES

DE LINNÉ.

CHARLES VON LINNÉ naquit le 24 mai 1707, à Roeshult, dans la province de Smaland , en Suede. Son père alors curé de ce lieu , obtint bientôt après la cure de Stenbrihult , dans la même province ; il y mourut en 1748 à l'âge de soixante-dix ans. Son autre fils lui succéda (1). On lit dans l'Oraison funebre de Linné, prononcée en présence du Roi de Suede , dans l'Académie Royale de Stockholm, que ses ancêtres avoient pris leur surnom de Linnæus, d'un gros tilleul, en Suédois *Linden*, placé devant la maison champêtre où Linné étoit né. Cet usage de tirer des surnoms des substances naturelles, est assez commun en Suéde.

A

Ce grand homme, deftiné par fes talents à réformer toute l'Hiftoire Naturelle, réunit dans un âge peu avancé, tous les grands honneurs auxquels les plus fameux médecins peuvent prétendre. Il eut la chaire de Médecine & de Botanique, en l'Univerfité d'Upfal, à l'âge de trente-quatre ans. Six ans après, le roi Adolphe le fit fon médecin; & en 1753, le créa chevalier de l'Etoile Polaire. Il fut annobli en 1757. Et lorfque le roi actuel accepta la dédicace de fes ouvrages en 1776, il honora fa vieilleffe en doublant fa penfion, & par le don d'une terre.

Il eft probable que ce fut l'exemple de fon père qui lui infpira le goût de l'étude de la nature. Nous fçavons qu'il s'amufoit à cultiver un jardin affez riche en plantes. Le jeune Linné parvint bientôt à les connoître, ainfi que toutes les plantes indigènes du voifinage (2). Cependant fon père étoit pauvre, & il alloit bientôt le deftiner à un état méchanique, lorfqu'un heureux hafard empécha l'exécution de ce deffein (3).

En 1717, Linné fut mis à l'école de Wexfio; il y fit de grands progrès dans fes études favorites; il s'appliquoit auffi aux autres branches de l'Hiftoire Naturelle, principalement à l'entomologie (4); il y réuffiffoit beaucoup, comme on peut s'en convaincre par la lecture du difcours qu'il a compofé fur ce fujet (5). Il connoiffoit auffi bien les infectes que les plantes, & il les a claffés d'après des caracteres que les entomologiftes ont univer-fellement adoptés.

En 1727, on l'envoya à l'univerfité de Lunden, où le profeffeur Stobæus favorifa fes goûts pour l'Hiftoire Naturelle (6). En 1728, il partit pour Upfal, où il contracta bientôt l'amitié la plus intime avec Artedi. Celui-ci étoit né dans la province d'Angermanie, il étudioit depuis quatre ans à l'univerfité d'Upfal; il avoit, comme fon ami, une paffion ardente pour toutes les branches de l'Hiftoire Naturelle, mais il fe livra plus particuliere-ment à l'ichtyologie. Artedi étoit encore très-habile chymifte & fort avancé dans la botanique. Il eft l'inventeur de la méthode des plantes ombelliferes, claffées d'après les diffé-rences de l'involucre ou collerette (7).

L'émulation eft la fource des grands fuccès; ces deux jeunes naturaliftes pourfuivoient leurs études avec une ardeur incroyable. Ils fe com-muniquoient leurs obfervations & leurs plans, & s'aidoient mutuellement de leurs lumieres, dans les différentes branches de l'Hiftoire Na-turelle & de la Médecine.

Quelque temps après son arrivée à Upsal, Linné fut assez heureux pour obtenir la protection d'un sçavant distingué. C'étoit Olaus-Celsius, professeur de théologie, & le restaurateur de l'Histoire Naturelle en Suede, qui se rendit depuis si fameux par ses connoissances dans les langues Orientales, & sur-tout par son Hiérobotanicon, recueil de dissertations critiques sur toutes les plantes dont il est parlé dans l'écriture (8).

Olaus-Celsius fut assez heureux pour rencontrer le jeune Linné, peu de temps après son arrivée à Upsal. Ce fut le hasard qui en fit naître l'occasion. Olaus méditoit un jour dans le jardin d'Upsal. Il fut frappé de l'exactitude avec laquelle Linné décrivoit les plantes, & de la facilité avec laquelle il se rappelloit leur nom. Il voulut se l'attacher ; heureusement pour lui la pauvreté de ses parents réduisoit Linné à un état très-misérable (9); non-seulement Celsius le protégea, mais il le prit chez lui & lui fit partager sa table & sa bibliotheque (10).

Linné fit des progrès rapides, & s'acquit l'estime des professeurs ; au bout de deux ans de résidence, il avoit déja assez de réputation pour professer occasionnellement la botanique, à la place du professeur Rudbeck (11).

En 1731 , l'Académie Royale des Sciences d'Upfal , voulant favorifer les progrès de l'Hiftoire Naturelle en Suéde , aux follicitations des profeffeurs Celfius & Rudbeck , envoya Linné faire un voyage en Laponie , dans la feule vue d'examiner les productions naturelles de cette région glacée. La réputation de Linné & fa bonne conftitution firent jetter les yeux fur lui. Ce voyage avoit déja été entrepris dans la même vue , par Rudbeck le père (12), en 1695 , d'après les ordres de Charles XI. Mais tout le fruit de cette expédition périt dans l'incendie d'Upfal en 1702 ; on ne put fauver que deux ou trois exemplaires des *Campi-Elyfii* (13).

Ce voyage ne pouvoit avoir lieu que l'été fuivant. Linné paffa l'hiver avec fes amis & fes connoiffances , dans les parties méridionales de la Suéde. Il fut voir en janvier 1732 , à Lund , Stobæus , fon premier précepteur. Il le laiffa en février pour vifiter la province de Smaland , fa patrie ; & retourna à Upfal vers le milieu d'avril , pour fe préparer à fon voyage.

Il quitta Upfal le 13 mai , & prit fa route vers Gevali , la principale ville de la Geftricie , à quarante-cinq milles d'Upfal. De-là il traverfa l'Helfingie , pour paffer dans la Medelpadie , où il fit une excurfion & gravit une montagne remarquable avant que d'arriver à Hudwichwald, capitale de l'Helfingie. De-là il paffa dans l'An-germanie à Hernofand, port de mer fur le golphe de Bothnie, à foixante - dix milles de Hudwichwald. Il y féjourna quelques temps, parce que le printems n'étoit pas affez avancé. Il faifit cette occafion de vifiter les cavernes remarquables qui font fur le fommet du mont Skula.

Lorfque Linné fut arrivé à Uma, dans la Bothnie occidentale, il quitta la route publique, & fe jetta à travers les bois vers l'oueft, afin de traverfer les régions les plus méridionales de la Laponie. Dès qu'il fut arrivé dans cette contrée, que fon objet étoit particulierement de vifiter, quoiqu'étranger aux mœurs des habitans, dont il ignoroit la langue, & fans aucun compagnon, il fe confia à leur hofpitalité, & ne manqua jamais de l'éprouver. Il parle en différens endroits (14), & toujours avec plaifir, de leur innocence & de la fimplicité de leur vie, qui leur procurent une fanté vigoureufe.

Dans cette excurfion, il gagna les montagnes de la Norwége, & après avoir éprouvé beaucoup de traverfes, il arriva dans la Bothnie occidentale, prefqu'épuifé de fatigues.

Il obferva le fingulier ufage que font les Lapons de la grafflette vulgaire, *Pinguicula vulgaris*; ils reçoivent le lait des rennes fur des feuilles fraîches de cette plante ; ils le paſſent & le laiſſent en repos. En un jour ou deux, il devient en quelque ſorte aceſcent, & acquiert une conſiſtance égale à celle de la crême, ſans ſe ſéparer du ſerum ; ils obtiennent de cette maniere, une boiſſon fort agréable. Une petite quantité de ce lait ainſi préparé, a les mêmes propriétés que la preſſure, qui produit un effet ſemblable ſur le lait doux.

Notre voyageur viſita bientôt les provinces de Pitha & de Lula, ſur le golphe de Bothnie. Il reprit la route occidentale, & remonta la riviere du même nom ; il viſita les ruines du temple de Jockmock dans la même province de Lula ; il traverſa enfin la Laponie ; on ne trouve dans ce pays ni route, ni village, ni champs cultivés, ni aucunes commodités ; il n'eſt habité que par un petit nombre d'hommes errans, qui deſcendent originairement des anciens Finlandois, & qui s'établirent dans ce pays dans un temps très-reculé ; ces hommes étoient tout-à-fait différents des naturels de la Laponie.

Linné gravit une montagne célebre appellée Wallevari ; il nous a donné en parlant de cette montagne, une relation curieuſe de la découverte qu'il y fit d'une plante belle & ſinguliere, l'andromede tetragone, *Andromeda tetragona*, lorſqu'il traverſoit cette région glacée, ayant le foleil devant les yeux à minuit, & qu'il cherchoit la hutte d'un Lapon. De-là, il monta fur les Alpes de Laponie, en Finmarchie, il vit les rives de la mer du Nord, jufqu'à Sallero.

Notre voyageur fit à pied le voyage de Lula à Pitha, jufqu'aux bords de la mer du Nord. Il étoit accompagné par deux Lapons, dont l'un lui fervoit d'interprête, l'autre de guide. Il raconte que la vigueur & la force de ces deux hommes, déja d'un âge avancé, & qui portoient un bagage affez pefant, excitoient fon admiration. Ils ne paroiffoient pas fatigués; & lui, quoique jeune & robufte, il étoit prefqu'épuifé.

Il fe vit fouvent obligé de coucher fous le bateau avec lequel il traverfoit les rivieres, pour fe mettre à l'abri de la pluie & des infectes, qui en été font auffi incommodes en Laponie que fous la Zone-Torride. Il penfa périr en defcendant une riviere ; le bateau fe renverfa, & il perdit une partie des objets qu'il avoit raffemblés.

Linné paffa prefque tout l'été à parcourir cette région feptentrionale, & ces montagnes fur lefquelles quatre ans avant, des philofophes François avoient rendus un hommage éclatant à la gloire immortelle de Newton (15); enfin après des peines & des fatigues incroyables, après avoir gravi des précipices, traversé des rivieres dans de mauvais bateaux, supporté les viciffitudes continuelles, d'un froid & d'une chaleur extrême, & souvent la faim & la soif; il retourna au mois de septembre à Torneo, sans reprendre la même route, ayant envie d'examiner les contrées orientales du golphe de Bothnie.

Il s'arrêta d'abord à Ula, dans la Bothnie orientale, de-là à Carlebie, à quatre-vingt-quatre milles de Ula; il continua sa route par Vasa, Christiandtadt, Biorneborg, jusqu'à Abo, petite université de la Finlande. Il traversa le Golphe par l'isle d'Aland, & arriva à Upsal en novembre, après avoir fait, le plus souvent à pied, un voyage de dix degrés de latitude, sans compter les déviations néceffaires à ses projets (16).

Il ne publia ce voyage que quelques années après pendant son séjour en Hollande; il donna seulement alors à l'Académie, la Petite Flore de Laponie, *Florula Lapponica*; c'est un ouvrage fort court, inséré dans les Mémoires de l'Académie d'Upsal, pour les années 1732 & 1734. Les plantes sont disposées dans ce Catalogue, selon le systême auquel il donna depuis le nom de sexuel. Ce n'est pas encore ici le lieu d'en parler, mais j'observerai seulement qu'il avoit déja jetté

les fondements de ce fyftême , qu'il porta depuis à un fi haut degré de perfection.

En 1733 , il vifita les mines de Suede , & il
fit tant de progrès dans la minéralogie & la
docimafie , qu'on le trouva affez avancé
pour en donner des leçons à fon retour (17).
L'exquiffe de fon Syftême de Minéralogie,
parut dans fes premieres éditions du *Syftema
Naturæ*. Mais il ne le perfectionna que vers l'année 1768.

En 1734 , le baron de Reuterholm , gouverneur de la Dalecarlie , envoya Linné , avec
d'autres naturaliftes , pour chercher les productions naturelles de cette partie du Royaume.
Chacun d'eux avoit fon département féparé , &
ils écrivoient chaque jour les obfervations relatives à la géographie ; mais leur objet principal
étoit l'Economie & l'Hiftoire Naturelle en général , & fur-tout la minéralogie. Toutes ces
obfervations devoient être rendues publiques,
mais le projet fut abandonné.

Ce fut pendant ce voyage que Linné dreffa
le plan d'une excellente inftitution , qui fut
exécutée , du moins en partie , par lui , &
par plufieurs de fes éleves. Le réfultat de
leurs obfervations réunies , a été publié fous le
titre de Pan Suédois , *Pan Suecus* (18) , dans
le fecond volume , des Aménités Academiques.

Linné, à fon retour, demeura quelque temps à Fahlun, capitale de la Dalécarlie, où il s'inftruifit beaucoup dans la minéralogie & la docimafie , & exerça la médecine. Il y fut très-bien reçu par le docteur More; il paroît que ce fut alors que commença fa liaifon avec la fille de ce médecin, avec laquelle il fe maria cinq ans après, lorfqu'il s'établit à Stockolm, & y exerça la médecine (19).

Il fut dans ce voyage jufque dans la Norwege, au travers de prefque toutes les Alpes de la Dalecarlie. Mais il ne nous refte aucun détail de fes découvertes dans ce Royaume. Sa fituation, qui eft dans le même parallelle de longitude & de latitude, en laiffoit peu à efpérer. Et d'après la Flore de Norwége, que Gunner a publié depuis, les productions végétales y paroiffent à-peu-près les mêmes, excepté que les côtes de Norwége abondent en plantes marines, inconnues fur celles de la mer Baltique.

En 1735, Linné parcourut d'autres parties de la Suéde, & quelques-unes du Dannemarck (20) & de l'Allemagne, & fe fixa en Hollande jufqu'à fon retour à Stockolm en 1739.

Il prit fes degrés de médecine au mois de juin de 1735. Boerhaave démêla fon génie (21), Linné publia une thefe qui avoit pour titre : *Hypothesis Nova Febrium intermittentium*, Nouvelle Hypothese sur les Fiévres intermittentes. Il y recherche les causes de cette maladie en Suéde, particuliérement dans l'Uplande & les parties sud-est de ce Royaume; il étoit porté à l'attribuer à une cause locale. Après avoir examiné avec attention, le sol & la situation des lieux où cette maladie est plus commune & plus opiniâtre; il demande enfin si on ne pourroit pas l'attribuer aux eaux fortement imprégnées de parties argilleuses. On est incertain s'il tint depuis à cette opinion, ou s'il l'abandonna; mais nous devons observer qu'il ne réimprima pas ce Traité lui-même, mais qu'il fut placé à la tête du premier volume des Aménités, imprimé à Leyde sans son aveu, par le docteur Pierre Camper. Quoique cette hypothese soit insuffisante pour résoudre la difficulté attachée à la recherche des premieres causes de cette maladie ; ceux qui soutiennent la théorie moderne, doivent regarder les faits rapportés par Linné, relatifs à un grand nombre de ces fievres dans les lieux bas, comme très-propres à confirmer & à accréditer leur opinion, qu'elles ne sont dûes qu'à des miasmes qui s'élevent des terreins humides & marécageux.

Linné fit paroître cette année, la premiere exquisse de son Systême de la Nature,

Syſtéma Naturæ, mais d'une maniere très-concife, en forme de tables, en douze pages *in-folio* ; il paroît qu'il avoit déja, quoiqu'il n'eût que vingt-huit ans, jetté la bafe de ce grand édifice, qu'il éleva depuis pour fa gloire, & les progrès des fciences naturelles.

En 1736, Linné vint en Angleterre ; il fut voir Dillen (22), ce fçavant profeffeur d'Oxford, qu'on peut regarder à jufte titre comme un des plus grands botaniftes qui aient exifté. Il parle avec refpect de l'accueil qu'il en reçut, & de la permiffion qu'il lui accorda d'examiner fa collection & celle des plantes de Sherard (23).

Linné fe lia auffi avec le docteur Martyn, M. Rand & M. Miller ; il fut très-redevable à l'amitié du docteur Ifaac Lawfon ; il contracta auffi une liaifon très-intime avec Pierre Collinfon, & cette intimité s'accrut par les fervices qu'ils ne cefferent de fe rendre. Boerhaave lui avoit donné des lettres pour Hans-Sloane, mais il n'en fut pas reçu, comme la chaleur des recommandations de Boerhaave devoit le lui faire efpérer.

On conferve dans le Mufeum de Londres, la lettre de Boerhaave à Hans-Sloane ; il s'y exprime ainfi : « Celui qui vous remettra ces » lettres, eft feul digne de vous voir, » feul digne d'être vu par vous ; qui vous

» verra enfemble, aura vu deux hommes tels
» que l'univers en produiroit à peine deux
» femblables (24) ». Cet éloge étoit une
forte de prédiction de la réputation que
Linné fe fit enfuite, & prouve que Boerhaave avoit pénétré fon génie & fes talents.

Il eft auffi probable que l'invention du Syftême Sexuel, fi différent de la Méthode de
Ray, au moyen de laquelle Hans-Sloane avoit
toujours connu les plantes, & fur-tout les inno-
vations dans la nomenclature des genres, furent
la caufe de la froideur avec laquelle il fut reçu
du naturalifte Anglois. Sans cela Linné auroit
pu s'établir en Angleterre, comme on dit qu'il
le defiroit ; & fans doute il lui eût été plus
utile pour fes projets, d'habiter ce royaume,
que les régions glacées dans iefquelles il paffa
le refte de fa vie. Nous pouvons juger de l'i-
dée que Linné s'étoit faite de la fituation de
ce royaume, relativement à l'hiftoire naturelle,
par ces mots qu'il écrivoit à un ami à Londres:
en lui parlant de cette ville, il l'appelloit,
Punctum faliens in vitello orbis (25). Les naturaliftes Anglois peuvent cependant fe féliciter d'a-
voir adopté un des meilleurs difciples de l'école
Linnéenne (26), qui a partagé avec fon illuftre
compagnon (27) les périls d'une navigation autour du monde, fans autre objet que la paffion
des connoiffances.

Une des plus heureuses circonstances arrivées à Linné, pendant son séjour en Hollande, fut la connoissance de M. Clifford, qui le prit chez lui pendant long-temps; il étoit alors, comme il le dit lui-même, enfant de la fortune. *Je suis sorti de mon pays avec trente-six écus d'or.* Ce sont ses expressions. Il jouissoit chez M. Clifford de plusieurs avantages précieux, qu'il auroit difficilement rencontré ailleurs, d'un jardin enrichi des plantes exotiques les plus belles & les plus rares, & d'une bibliotheque fournie des ouvrages des plus sçavants botanistes. Il n'y a que ceux qui sont embrâsés de la même ardeur, qui puissent concevoir le bonheur de sa situation actuelle (28).

Boerhaave voulut lui faire avoir la place de médecin dans les établissements Hollandois, à Surinam; mais il s'y refusa, prétextant que le climat sous lequel il avoit reçu le jour, étoit trop différent. Il demanda pourtant cette place pour un jeune médecin d'un très-grand mérite, qui eut le malheur d'être la victime du climat, & peut-être du mauvais traitement du gouverneur. Linné déplore cet événement d'une maniere touchante & pathétique en parlant de la plante à laquelle il avoit donné le nom de ce jeune infortuné (29).

Outre Boerhaave & M. Clifford, Linné

compta auſſi parmi ſes amis, ſes plus célébres contemporains, tels que Jean Burman, proſeſſeur de botanique à Amſterdam, dont le nom & la famille ſont ſi connus dans la république des lettres (30) ; Linné lui dédia ſa Bibliothéque Botanique ; la collection des livres de ce ſçavant lui avoit été fort utile pour compoſer cet ouvrage; Jean-FrédéricGronovius, éditeur de la Flore deVirginie,de Clayton, & qui adopta le premier le ſyſtême Sexuel ; le baron Van - Swieten, médecin de la derniere Impératrice-Reine ; Iſaac Lawſon, dont j'ai déjà parlé, c'étoit un des médecins de l'armée angloiſe, il mourut à Ooſterhout, & fut vivement regretté ; Linné en avoit reçu des ſervices importans ; Kramer, bien connu depuis, par ſon excellent traité ſur la docimaſie ; Van-Royen, proſeſſeur de botanique à Leyde : Lieberkun de Berlin, fameux par ſon habileté pour les obſervations microſcopiques & pour la fabrication des inſtrumens.

Linné aſſiſtoit à ſes expériences avec d'autres perſonnes ; un jour qu'il montroit les animalcules dans la ſemence, il déclara ouvertement que ces molécules n'étoient pas de vrais animalcules, & il paroît qu'il a toujours depuis conſervé cette opinion (31).

On

On peut ajouter à ces noms ceux d'Albinus, de Gaubius, & de beaucoup d'autres ; ce qui prouve combien Linné étoit déjà célébre, & quelle réputation il avoit parmi ceux qui cultivoient les fciences avec quelque fuçcès.

En 1738 , après que Linné eût quitté M. Clifford, & , à ce qu'il paroît, pendant qu'il étoit chez Van-Royen , à Leyde , il eut une maladie dangereufe. Auffitôt après fon rétabliffement il vint à Paris (32), où il fut reçu chez M. de Juffieu, alors le premier botanifte de la France (33). Il procura à Linné la fatisfaction de voir les herbiers de Surian (34) & de Tournefort ; (35) ceux du premier lui firent un très-grand plaifir.

Linné avoit envie d'aller en Allemagne pour voir Ludwig & Haller, avec lefquels il entretenoit une correfpondance très fuivie ; mais il fut obligé de retourner en Suede , fans avoir pu fe fatisfaire.

Linné ne manqua jamais l'occafion de voir les cabinets des pays par lefquels il paffoit ; il y obfervoit les curiofités des différens regnes, (36) & le nombre & l'importance des ouvrages qu'il publia pendant qu'il fut abfent de Suéde, prouvent fuffifamment quel tréfor de connoiffances il avoit raffemblé, & fon incroyable application. Comme ces ouvrages font la bafe de la célébrité qu'il acquit depuis, je vais en faire l'énumération & en donner une courte analyfe felon l'ordre de leur publication , avant d'accompagner notre Auteur en Suéde, où il retourna pour y recevoir enfin les honneurs qui lui étoient dûs.

SYSTEMA NATURÆ , five regna tria naturæ fyftematicè propofita , per claffes , ordines , genera & fpecies, Lugd. Bat. 1735 *, fol. pag.* 14. — SYSTÈME DE LA NATURE, ou les Trois Régnes de la Nature, propofés fyftématiquement par claffes, ordres, genres & efpeces. Leyde , 1735 , in-fol. p. 14. En latin avec les noms Suédois.

Comme cet ouvrage n'eft que l'efquiffe de celui qu'il donna depuis fous le même titre, je n'en parlerai qu'à l'époque à laquelle il le perfectionna , en y ajoutant les efpeces.

FUNDAMENTA BOTANICA, quæ majorum operum prodromi inftar , theoriam fcientiæ botanices per breves aphorifmos tradunt. Amft. 1736 *12. pp.* 35. — ELÉMENTS DE BOTANIQUE. Prélude d'ouvrages plus confidérables , & qui expliquent dans de courts aphorifmes la théorie de la fcience. Amft. 1736 , 12. pp. 35.

La fcience de la Botanique eft réduite dans cet ouvrage, à 365 aphorifmes ou canons. On peut dire avec vérité de lui, ce que Sethus-Calvifius a dit des canons de Ptolemée, *mutatis mutandis.* —— *Omni auro pretiofiör eft fi dudum innotuifcet, nèc adeo diverfas fe&as botanici abiiffent, fed res botanicæ multo melius fe haberent.* —— Ouvrage plus précieux que l'or. S'il avoit paru plutôt, les botaniftes ne feroient pas aujourd'hui divifés en plufieurs fe&es, & la fcience s'en trouveroit beaucoup mieux. Il a eu plufieurs éditions, & fut publié en 1751, avec un commentaire fur chaque aphorifme, fous le titre de PHILOSOPHIA BOTANICA, dont il fera parlé quand nous ferons à cette époque (37).

BIBLIOTHECA BOTANICA recenfens libros plus mille de plantis, huc ufque editos, fecundum fyftema au&orum naturale in claffes, ordines, genera & fpecies difpofitos, additis editionis loco, tempore, forma, lingua. Amft. 1738 11 pp. 153, & in-8°. 1731. BIBLIOTHEQUE BOTANIQUE dans laquelle on trouve plus de mille ouvrages fur les plantes, difpofés felon le fyftême naturel des auteurs, par claffes, ordres, genres & efpeces ; on a ajouté le lieu & la date de l'édition, fon format & la langue dans laquelle l'ouvrage eft écrit. Amfterd. 1736. 12°. pp. 153. & *in-8°.* 1751, avec beaucoup d'additions.

Les écrivains botanistes font diftribués dans cet ouvrage en 16 claffes. Il n'eft aucunement difficile à lire, comme le titre le pourroit faire croire. L'auteur a fouvent joint au titre, un court jugement fur les ouvrages; & au commencement de chaque claffe ainfi que dans les divifions des ordres, il a expliqué occafionnellement plufieurs des termes, qu'il a employés depuis dans fes autres écrits; la préface contient une hiftoire abrégée de l'origine & des progrès de la botanique (38) & les remerciements des fecours que l'auteur a reçu pour la compilation de cet ouvrage, du libre accès des bibliotheques de MM. Sprekelfen, à Hambourg; Gronovius, à Leyde; & fur-tout de celle de fon protecteur M. Clifford, & de M. Burman, profeffeur de botanique.

Les auteurs font claffés de la maniere fuivante (39).

1 PATRES.	Les Peres.
2 COMMENTATORES.	Les Commentateurs.
3 ICHNIOGRAPHI.	Les Ichniographes.
4 DESCRIPTORES.	Les Defcripteurs.
5 MONOGRAPHI.	Les Monographes.
6 CURIOSI.	Les Curieux.
7 ADONISTÆ.	Les Adoniftes.

8 FLORISTÆ.	Les Floriftes.
9 PEREGRINATORES.	Les Voyageurs.
10 PHILOSOPHI.	Les Philofophes.
11 SYSTEMATICI.	Les Syftématiques
12 NOMENCLATORES.	Les Nomenclateurs.
13 ANATOMICI.	Les Anatomiftes.
14 HORTULANI.	Les Jardiniers.
15 MEDICI.	Les Médecins.
16 ANOMALI.	Les Anomaux.

On trouve dans la derniere édition, une table biographique, qui offre, dans un ordre chronologique, les noms de 139 auteurs botaniftes, depuis le temps d'Avicenne en 981, jufques à Catefby en 1749. Linné y a indiqué, autant qu'il a été poffible, la date de leur naiffance & de leur mort (40).

On n'avoit encore vu que trois fois en Europe, fleurir le bananier, *mufa paradifiaca*; il fleurit cette année dans le jardin de M. Clifford. Linné donna une hiftoire complette de cette plante, fous ce titre : *MUSA CLIFFORTIANA florens Hartecampi 1736, prope Harlemum Lug. Bat. in-4°. pp. 46.* —— *MUSA DE CLIFFORT, fleuriffant à Hartecamp, près Harlem en 1736, Leyde, in-4°. de 46 pages.*

Cette Differtation eft faite avec la plus grande précifion , d'après les principes de l'auteur , expliqués dans fa *Methodus demonftrandi.* —— *Méthode d'enfeigner*, imprimée à la fin de fon *Syftema*. C'eft un modele pour les monographes. Elle eft enrichie de deux planches, dont l'une repréfente la plante, l'autre les parties de la fructification (41).

GENERA PLANTARUM, eorumque Characteres naturales fecundum numerum , figuram , fitum & proportionem omnium fructificationis partium. Lugd. Bat. in-8°. , page 384. — LES *GENRES DES PLANTES & leurs caracteres naturels d'après le nombre , la fituation & la proportion de toutes les parties de la fructification.* Linné enfeigne dans cet ouvrage ce qu'il appelle les caracteres naturels des genres des plantes. Les claffes font établies d'après le nombre & la fituation des étamines qui font les parties mâles, ou d'après ces deux caracteres réunis. Le nombre ou la fituation des piftils , qui font les parties femelles, conftituent les ordres ou fousdivifions des claffes. Les genres font formés d'après le rapport de toutes les parties de la fructification (42), pour le nombre, la forme, la fituation & la proportion. Ainfi les caracteres de Linné font applicables à toute méthode fondée fur les parties de la fructification feule.

C'eſt l'avantage de ſon ſyſtême ſur ceux des auteurs qui l'avoient précédé, & c'eſt ce qui fera probablement conſerver ſes genres, quand bien même le ſyſtême ſeroit changé.

Cet ouvrage doit être regardé comme un des plus conſidérables de l'auteur; il nous apprend qu'avant la publication de la premiere édition il avoit examiné les cara&teres de 8000 plantes. Ceux qui ſont habitués, à obſerver les plantes dans leurs détails, peuvent ſeuls juger combien cette entrepriſe étoit difficile, & quelle a dû être ſa prodigieuſe application pour l'achever dans un âge ſi peu avancé. On ne peut aſſez admirer l'exa&titude avec laquelle il a obſervé & comparé un ſi grand nombre de plantes, & la juſteſſe & la préciſion de cet aſſemblage de termes inventés pour exprimer les différences nombreuſes, de forme, de figure & de ſituation dans une ſi prodigieuſe variété d'objets.

La premiere édition de cet ouvrage contenoit 935 genres; la ſixieme & derniere, donnée à Stockolm en 1764, a étendu ce nombre à 1239, & les Mantiſſa, l'ont porté depuis à 1336 (43).

Quelques auteurs ont avancé que Linné avoit pris dans les écrits de Jungius (44), ſçavant profeſſeur d'Helmſtadt & enſuite de Hambourg,

où il mourut en 1757, la premiere idée du
ſyſtême ſexuel.

Les ouvrages de Jungius renferment en effet
beaucoup de choſes neuves ſur les plantes, &
prouvent qu'il étoit un des plus ſoigneux
obſervateurs de la nature. Non-ſeulement il a
déterminé avec une exactitude particuliere la
ſtructure des différentes parties des plantes ; il
a auſſi prouvé avec une égale juſteſſe, l'im-
propriété de pluſieurs anciennes diſtinctions génériques & ſpécifiques, & il a donné des regles
pour en établir de nouvelles. Il a rendu ainſi
le plus grand ſervice à ſes ſucceſſeurs, qui ſe
ſont beaucoup aidé de ſon travail ; mais il ne
paroît pas que Jungius ait jamais tracé le plan de
la méthode ſexuelle ni d'aucune autre (45).

Linné publia avant la fin de la même année
(1737) *COROLLARIUM GENERUM cui
accedit METHODUS SEXUALIS, in-8°.* ——
*COROLLAIRE DES GENRES, auxquels on a
joint la MÉTHODE SEXUELLE.* Le premier
de ces ouvrages ne contient que 60 nouveaux
genres qui furent ajoutés à l'édition ſuivante des
Genera.

Le ſecond offre un court apperçu du ſyſtême ſexuel, relativement aux claſſes & aux
ordres.

Il publia encore une petite diſſertation intitulée, *Viridarium Cliffortianum.* —*Verger de Clifford.*

Ce fut pendant le cours de cette même année, 1737, que parut la relation de son voyage en Laponie , relativement du moins aux plantes de cette contrée ; car nous ne pouvons plus espérer de voir paroître la *Lachesis Lapponica* , Lachesis Laponne (46) , qui devoit completter son histoire.

Cet ouvrage traite des plantes d'une contrée de 400 milles pas Suédois, à peu près 600 milles de France , en longueur & de 50 en largeur ; il est intitulé : *Flora Lapponica* , *exhibens plantas per Lapponiam crescentes , secundum systéma sexuale , collectas itinere impensis societatis regiæ litterariæ & scientiarum , Sueciæ ann. 1732 , instituto, additis synonimis , & locis natalibus omnium , descriptionibus & figuris rariorum , viribus medicatis & œconomicis plurimarum , Amst. 1737 , in-8°. , p. 372 , tab. 12.* — *Flore de Laponie* , *indiquant , selon le systéme sexuel , les plantes qui croissent en Laponie , & rassemblées dans le voyage fait aux frais de l'Académie royale , avec les synonimes , le lieu natal , les descriptions & les figures de celles qui sont les plus rares. Amst. 1737 , in-8°. de 372 pages & 12 planches.*

Ce n'eſt pas une ſimple énumération de ſy-
nonimes ; la préface contient le récit du voyage
de l'auteur & ſes remercimens aux membres
de l'Académie royale, qui avoit fait graver à
ſes frais, les 12 planches, contenant 58 plantes
alpines, des plus rares. Il eſt précédé d'un
préambule dans lequel on trouve la deſcription
géographique & phyſique de la Laponie, &
la différence entre les Alpes & le déſert, y eſt
exactement indiquée ; il eſt terminé par quelques obſervations ſur les plantes alpines en
général (47).

L'ouvrage eſt ſemé d'obſervations curieuſes
ſur les habitans, la ſimplicité de leur genre de
vie, leurs mœurs, leurs maladies, les animaux
du pays, & les uſages médicinaux & économiques de pluſieurs plantes ; de deſcriptions
étendues des choſes qui n'avoient pas été décrites, d'obſervations ſur la botanique, &c.
Voici quelques-unes de ces obſervations :

N°. 16. L'Hydropiſie qui eſt très-fréquente
dans la Bothnie orientale eſt due à l'uſage im-
modéré des liqueurs.

N°. 22. On employe la linaigrette *Erio-
phorum polyſtachium*, au lieu de plumes pour
faire des matelas.

N°. 62. Le grand plantain, *Plantago major,*
L., s'éleve à une hauteur étonnante, quelque-

fois 4 & 5 pieds, dans d'autres climats la plante n'a que quelques pouces.

N°. 80. Les pauvres habitans font quelquefois obligés de faire du pain avec la racine de la Méniante ou treffle d'eau, *Menianthes trifoliata* L. Le fcorbut eft inconnu en Laponie. Les végétaux font à peine partie de la nourriture des Lapons, qui ne mangent gueres que la chair fraîche des Rennes. C'eft une obfervation dont M. Pringle a fait ufage, ainfi que de beaucoup d'autres dans fon ouvrage *fur les maladies des gens de mer.*

N°. 101. Linné donne fous ce numéro les fymptômes de la colique des Lapons, nofologie de Sauvages, p. 103, une des maladies les plus cruelles. Les Lapons emploient contre elle la racine d'une efpece *d'Angelique* (*Angelica Archangelica* L).

N°. 103. Les effets deleteres de la Cicutaire, *Cicuta virofa* L., font pleinement difcutés.

N°. 136. Pernicieux effets de Phalangere Offifrage, *Anthericum Offifragum* (48).

N°s. 143, 144, 145. Il fait connoître l'ufage de différentes efpeces de Vaccinium (49).

N°. 163. Différens ufages économiques de l'Andromede poliée, *Andromeda polifolia* (50).

N°. 200. Obfervations fur la goutte, pour fçavoir fi elle eft due à l'ufage des liqueurs

fpiritueufes & fermentées. Réflexions fur la
fanté & fur la force des Lapons.

Nº. 311. *Achillæa millefolium* (la mille
feuille). On l'employe quelquefois en Dalecarlie , au lieu de houblon. On dit qu'elle rend la
boiffon très enivrante.

Nₒ. 328. Singuliers ufages économiques d'une
efpece de carex *Carex veficaria β.* , Carex
veficuleux (51).

Nᵒˢ. 341 , 342. Ufage du Bouleau , *Betula* ,
& principalement du *Bouleau nain* , *Betula
nana*. On s'en fert pour le chauffage. C'eft
avec quelques parties de cet arbre que les Lapons préparent le *Moxa* , leur unique remede
contre les maladies aigues.

Nᵒ. 345. Les bêtes à cornes & les chevaux preferent le *fparganium natans* (Ruban
d'eau flottant) à tous les gramens. Obfervations
fur l'immenfe quantité d'oifeaux aquatiques en
Laponie & fur leurs émigrations.

Nᵒ. 395. Ufages du *Polytrichum commune* ,
(Polytric vulgaire) (52).

Nᵒ. 415. Ufages auxquels les femmes Lapon-
nes employent le *Sphagnum paluftre* --- (Sphai-
gne des marais) (53). Il y ajoute quelques obfervations relatives au flux menftruel des femmes
dans ces régions feptentrionales.

Nᵒ. 437. Obfervations fur les Rennes & fur

la plante qui les nourrit, *Lichen Rangiferinus*, *Lichen des Rennes.*

No. 445. Détails sur le *Lichen Islandicus* (*Lichen d'Islande*), dont M. Scopoli a depuis peu traité très amplement.

N°. 517. En parlant des Agarics, Linné rend compte des dangereux effets de l'*Oestrus Tarandi*, Taon des Rennes. Il a traité ce sujet plus amplement dans les Aménités Académiques.

Linné a donné dans cette Flore, un exemple de la méthode, que depuis, ses efforts ont toujours eu pour but de perfectionner dans tous ses écrits, & particulierement dans les *species plantarum* (Éspeces des plantes) ouvrage qu'il ne publia que 18 ans après. *Les noms spécifiques* (54) ne sont pas tirés, suivant la maniere des premiers auteurs, de la couleur de la fleur, de la grandeur respective des différentes parties de la plante, de son odeur, de son goût, du lieu où elle croît, de l'époque de sa floraison, du nom de celui qui l'a le premier découvert, de ses usages économiques, de ses propriétés médicales, de son emploi dans les jardins d'ornements, caracteres qui sont très-sujets à changer ; mais de ces parties essentielles, & invariables, qui distinguent clairement & d'une maniere bien tranchée, les especes d'un même genre, & donnent en dix ou douze mots une telle idée de la plante qu'on obferve, qu'ils la caractérifent beaucoup mieux que les defcriptions verbeufes des premiers auteurs.

Linné avoit pris une peine incroyable pour cette partie de fon Syftême, qui eft fans contredit une des plus difficiles puifqu'il falloit obferver & féparer avec foin les efpeces d'un même genre, & les variétés d'une même efpece.

La Laponie poffede peu de plantes. Linné n'en rapporta que 537 efpeces; il en découvrit plus de 100, dont les obfervateurs Suédois qui l'avoient précédé, avoient ignoré l'exiftence dans leur patrie, & dont plufieurs n'étoient pas décrites. Nous ne devons pas oublier de citer parmi celles-ci, la *campanula ferpillifolia* (campanule à feuilles de ferpolet,) qu'il plaça dans un autre genre, & que le docteur J. Gronovius lui confacra, & fit graver dans ce volume fous le nom de *Linnæa* la Linné (55).

Rien n'irrita davantage contre Linné, les botaniftes fes contemporains, que la liberté qu'il prenoit de changer les noms génériques; il y étoit forcé par les loix qu'il avoit établies dans fes *Fundamenta*, Dillen même étoit bleffé de cette innovation. Linné qui avoit la plus haute opinion de ce profeſſeur Anglois, diſoit de lui : —— *Nullus eſt in Anglia qui genera curat vel intelligit præterquam Dillenius.* —— Il n'y a en Angleterre que Dillen, qui ſache ce que c'eſt qu'un genre, & qui y faſſe attention.

Ce fut probablement alors qu'il lui dédia ſa *CRITICA BOTANICA in qua nomina plantarum generica, & ſpecifica & variantia examini ſubjiciuntur, ſelectiora confirmantur, indigna rejiciuntur, ſimul que doctrina circa denominationem plantarum traditur, Lugd. Bat. 1737, pp. 220 in-8°.* —— CRITIQUE BOTANIQUE dans laquelle on examine les noms des genres, des eſpeces, des variétés des plantes ; on confirme les meilleurs, on rejette les mauvais, & on donne une théorie pour la dénomination des plantes. Leyde 1737, *in-8°.* de 220 pages. Cet ouvrage eſt un · ample commentaire de l'aphoriſme 210 juſqu'au 324 incluſivement. Linné y explique très au long tous les motifs de ſes réformes.

Il y eut cependant des botaniſtes qui ſe rendirent à l'évidence de ſes raiſonnements. Ludwig dit en parlant de cet ouvrage. —— *Rigidus quidem ſed ſæpiſſime felix botanicorum cenſor eſt.* —— *C'eſt un cenſeur rigoureux des botaniſtes ; mais le plus ſouvent ſes critiques ſont* heureuses ; deux excellentes tables rendent l'usage de ce livre très-commode (56).

Linné imprima à la fin de ce volume un écrit du docteur Browallius, intitulé : *Discursus de introducenda in scolas & gymnasia historiæ naturalis lectione.* —— Discours sur la nécessité d'introduire dans les écoles, des cours d'histoire naturelle (57). Browallius est celui qui défendit depuis avec succès le système de Linné, contre le professeur Siegesbeck de Pétersbourg (58).

Ce fut en 1737 que Linné publia aussi le plus magnifique de ses ouvrages : —— *HORTUS CLIFFORTIANUS, plantas exhibens quas in hortis tam vivis quam siccis, Hartecampi in Hollandia, coluit vir nobilis & Gen. Georgius Cliffort. J. V. D. reductis varietatibus ad species, speciebus ad genera, generibus ad classes, adjectis locis plantarum natalibus, differentiis que specierum. Amst. 1737, fol. 501, tab. 32.* —— *JARDIN CLIFFORTIEN, dans lequel on publie les plantes que M. Cliffort cultive dans ses jardins à Hartcamp en Hollande ; on a réduit les variétés aux especes, les especes aux genres, les genres aux classes & on a ajouté le lieu où croissent les plantes & leurs différences spécifiques. Amst. 1737, in-fol. de 501 pages, avec 32 planches.* Comme cet ouvrage a été imprimé aux frais

de

de M. Cliffort ; il eſt orné d'un élégant frontiſ-
pice & de belles gravures dont les deſſins
ont été faits avec tout le ſoin poſſible ,
par Ehret. M. Cliffort fit préſent de ce livre
à pluſieurs des plus ſçavans botaniſtes. On
y voit combien ſon jardin étoit riche en
plantes ; elles ſont rangées comme dans tous
les ouvrages ſuivans de Linné, ſelon la méthode ſexuelle ; les variétés ſont réduites à leurs
eſpeces ; il cite exactement le lieu de la naiſ-
ſance des plantes ; il introduit pluſieurs genres
nouveaux , pluſieurs eſpeces nouvelles , avec
d'amples deſcriptions & des obſervations curieuſes ; mais ce qui dût plaire davantage encore à ceux qui commençoient à adopter ſon
ſyſtême , c'étoit un modele plus étendu de
ſes caracteres ſpécifiques , que le nombre prodigieux de plantes nommées dans cet ouvrage,
rendoit néceſſaire. Par le nombre des ſyno-
nimes c'étoit preſque un pinax de toutes
les plantes déjà connues, (58 *).

C'eſt une véritable ſatisfaction pour les botaniſtes curieux & bons critiques , d'obſerver dans cet
ouvrage , comparé avec les précédens , le progrès des connoiſſances de notre auteur ; ce
progrès eſt évidemment prouvé par les réformes & les changemens heureux qu'il fit , & que

C

des informations ou des obſervations nouvelles lui avoient ſuggerés.

Dans la dédicace Linné fait une énumération de ceux qui ont entretenu des jardins botaniques , & qui par-là ſe ſont rendus utiles à la ſcience. Il y donne le catalogue des livres de la bibliotheque de M. Cliffort & y joint deux planches, avec l'explication de toutes les formes des feuilles, ſelon ſa nouvelle méthode de les définir. Cette addition étoit néceſſaire, car le nombre des plantes dont il donne les ſynonymes dans cet ouvrage, eſt à peu près de 2,500. Voici ce que Geſner en diſoit dans une lettre qu'il écrivoit au célébre Haller. —— *Opus ſane egregium & acerrimi judicii, nec minoris eruditionis , quo difficulter Botanicus carebit.* —— *Mihi perplacet ab eo in nominibus ſpecierum notas earum eſſentiales exhiberi, quod ante vix quiſquam Botanicus recte præſtitit.* ——Ouvrage excellent, d'un jugement profond, d'une érudition vaſte, & dont un Botaniſte pourra difficilement ſe paſſer. —— J'aime que les noms des eſpeces offrent leurs caracteres eſſentiels, ce qu'aucun Botaniſte n'avoit encore exécuté avec ſuccès.

Il ne publia plus pendant ſon ſéjour en Hollande qu'un ouvrage qui lui fut propre ; c'étoit les *CLASSES PLANTARUM , ſeu ſyſ-*

temata plantarum omnia à fructificatione desumpta, quorum 16 universalia & 13 partialia, compendiose proposita secundum classes, ordines & nomina generica, cum clave cujus vis methodi & synonymis genericis. Lugd. Bat. 1738 pp. 656. — LES CLASSES DES PLANTES, ou tous les systêmes des plantes, tirés de la Corolle, au nombre de 16 universels & 13 partiels, exposés très en détail, selon les classes, les ordres & les genres, avec la clef de chaque méthode, & les synonymes des genres. Leyde 1738, 8°. de 656 pages).

Cet ouvrage est un ample commentaire de la seconde partie des *Fundamenta Botanica.* Depuis l'aphorisme 53, jusqu'au 78°. il contient une revue détaillée & utile de tous les systêmes de botanique ou des méthodes de classer les plantes, depuis Césalpin en 1583, qui est regardé comme l'inventeur des méthodes, jusqu'à Linné lui-même en 1735; aux noms génériques des plantes dans chaque systême, il a ajouté le sien propre, ce qui est d'une grande commodité pour l'usage de ce livre. Il seroit avantageux qu'on le réimprimât avec les additions qui sont devenues necessaires.

Les systêmes expliqués avec le plus de détail sont ceux de Césalpin, Morison, Ray, Knaut, Herman & Boerrhaave, fondés sur le fruit; de Rivin, Ruppius, Ludwig & Knaut sur le nombre des pétales ; de Tournefort & de Pontedera fur la forme de la corolle, de Magnol & de Linné lui-même fur le calice. Son fyftême fexuel & fes fragmens de méthode naturelle viennent après. Je ne dirai rien de l'arrangement des claffes particulieres telles que les compofées, les ombelliferes, les graminées, les fougeres, &c. L'ouvrage eft terminé par un index des genres pour chaque fyftême (59).

Linné pendant fon féjour en Hollande éprouva une grande perte par la mort prématurée d'Artedi fon ami & fon compagnon d'étude, avec qui, comme nous l'avons vu, il avoit formé une liaifon fi intime pendant qu'ils étoient à Upfal. Ils s'étoient mutuellement legués l'un à l'autre leurs manufcrits & leurs collections en cas de mort.

Artedi s'étoit livré avec beaucoup d'affiduité à la claffification des poiffons, & il avoit décrit tous ceux qu'il avoit eu occafion d'obferver. Il avoit entrepris le voyage d'Angleterre en 1734, pour donner plus de perfection à fon ouvrage. Linné après fa mort retira, non fans quelques difficultés, tous les manufcrits d'Artedi, il y mit la derniere main & il les publia à Leyde en 1738, fous ce titre : *Petri Artedi Sueci Medici Ichtyologia : five opera omnia de pifcibus, fcilicet bibliotheca*

Ichtyologica ; Philosophia Ichtyologica ; Genera piscium ; synonymia specierum ; Descriptiones specierum. Omnia in hoc genere perfectiora quam antea ulla. Posthuma vindicavit, recognovit, coaptavit & edidit , Carolus Linnæus.
—ICHTYOLOGIE *de Pierre Artedi , Médecin Suédois , ou collection de tous ses ouvrages sur les poissons, sçavoir , la Bibliotheque Ichtyologique ; la Philosophie Ichtyologique ; les Genres des poissons ; les Synonymes des especes & leurs descriptions. Toutes ces choses dans un état plus parfait qu'on ne les avoit vu jusqu'ici. Charles Linné a reclamé ces écrits posthumes de l'Auteur , les a rédigés , rassemblés & édités.*

Les poissons sont disposés par Artedi selon une méthode entierement neuve, & que Linné a adoptée avec quelques légers changemens depuis la premiere édition de son systême jusqu'à la dixieme. Alors il plaça les Cétacées dans la classe des Mammaux, *Mammalia.* Et au lieu de conserver dans les autres ordres les différences tirées de la texture osseuse & cartilagineuse des nageoires ; il les a établis d'après la situation des nageoires ventrales qu'il regarde comme analogues aux pieds des autres animaux ; elles sont placées en avant, au dessous ou en arriere des nageoires pectorales.

Artedi a donné dans cet ouvrage des preuves

d'un génie, d'un zele & d'une application qui doivent exciter de grands regrets de sa perte. Il avoit porté l'Ichtyologie à ce dégré de perfection que son ami a donné depuis à tout le regne animal, & qui doit être un monument éternel de son génie. Ses descriptions des poiffons indigènes de la Suéde font faites d'une maniere fi fçavante, qu'on n'avoit encore rien vu de pareil en ce genre, & nous ne pouvons pas affez admirer les peines qu'il avoit prifes pour débrouiller les fynonymes de chaque auteur fur ce fujet.

Ce grand Ichtyologifte étoit de retour d'Angleterre, & il demeuroit à la recommandation de Linné chez Seba, à Amfterdam, pour y completter fes recherches fur les poiffons; il fe noya malheureufement dans le canal de cette ville.

Linné dans un court abrégé de la vie d'Artedi, exprime fes regrets fur cette mort prématurée, d'une maniere qui fait autant d'honneur à fon ami qu'à lui-même, & qui prouve une fenfibilité profonde (60).

Il nous faut fuivre à préfent Linné en Suede où il retourna vers la fin de l'année 1738. Il s'établit à Stockholm pour y exercer la médecine, & il paroît qu'il y rencontra beaucoup d'oppofitions; elles furent toutes levées enfin,

& il eut une pratique très étendue; (60*) quelques tems après il époufa la perfonne dont nous avons parlé.

Le comte de Teffin, qui étoit un de fes plus zélés protecteurs, & qui fit frapper des médailles en fon honneur, lui procura la place de médecin de l'efcadre & un traitement pour donner des leçons de botanique.

Cet époque lui fut fingulierement favorable pour faire preuve de fes talens, puifque ce fut alors que l'Académie royale des fciences s'établit à Stockholm. Linné en fut créé le préfident. Le Roi accorda plufieurs privileges à cette compagnie & principalement le port franc de toutes les lettres adreffées au Secrétaire.

D'après les ftatuts de cette compagnie le préfident ne pouvoit garder fa place que trois mois; au bout de ce tems Linné lut fon difcours de *Memorabilibus in infectis — Des chofes remarquables dans les infectes*, le 3 octobre 1739; il cherche à tourner l'attention vers l'étude des infectes, en faifant connoître différens phénomenes qu'on obferve dans ces animaux & plufieurs exemples de leurs propriétés pour la médecine & les arts, & de leur utilité dans l'économie générale de la nature.

Il paroît que Linné defira la chaire de botanique & de medecine d'Upfal, occupée par Rudbeck qui étoit alors d'un âge fort avancé. Il étoit fi attaché à pourfuivre & à perfectionner fes grands projets pour l'avancement de l'hiftoire naturelle, que s'il n'avoit pas obtenu cette chaire, il étoit réfolu d'accepter les offres que lui faifoit Haller, pour remplir la chaire de botanique de Göttingue ; mais fa demande eut un plein fuccès.

En 1741, après la démiffion de Roberg, il fut créé médecin du Roi & profeffeur de médecine, conjointement avec le profeffeur Rofen qui avoit été nommé l'année précédente, après la mort de Rudbeck. Ces deux collegues fe partagerent leurs fonctions, & leur choix fut confirmé par l'Académie. Rofen (61) prit l'anatomie, la phyfiologie, la pathologie, la therapeutique ; & Linné choifit l'hiftoire naturelle, la matiere médicale, la diététique, & les diagnoftiques des maladies.

Il alloit partir pour Upfal lorfqu'il fut envoyé par les Etats du Royaume pour vifiter les ifles d'Œlande & de Gothlande dans la Baltique, accompagné de fix de fes éléves. Il étoit chargé d'y faire toutes les obfervations & les recherches utiles aux progrès de l'agriculture & des arts. La nation Suédoife leur donnoit une attention particuliere; réveillée par les guerres désaftreufes de Charles XII , elle cherchoit à étendre fon commerce & à cultiver les arts paifibles. Le voyage de Linné fut utile; les Etats en furent fatisfaits, & la relation en fut quelque tems après rendue publique.

Linné à fon retour commença à profeffer ; il prononça devant l'Univerfité fon difcours *de Peregrinationum in patria neceffitate.* ——Sur la néceffité des voyages dans la patrie. ——Le 17 octobre 1741. Il prouva avec force l'utilité de femblables excurfions , montra à fes jeunes difciples le vafte champ d'objets que leur pays leur offroit à étudier , dans la médécine , la phyfique , la minéralogie , la zoologie , la botanique & l'économie , & il leur fit voir les avantages qu'eux-mêmes & leur patrie en retireroient pour prix de leur activité & de leur zele. Il regne dans tout ce difcours une imagination vive, & c'eft à mon gré une de fes plus agréables & de fes plus utiles productions.

Linné étoit né pour l'obfervation, & les voyages multipliés qu'il avoit fait dans fa patrie lui en avoient donné une connoiffance fort exacte. Auffi il paroît indiquer avec la précifion la plus parfaite, les fujets de recherches dans tous les regnes de la nature. Son amour pour la patrie donnoit à ſes paroles une véhémence qui lui fut, d'un grand avantage ; il étoit auſſi puiſſamment inſpiré par la ſatisfaction extérieure qu'il éprouvoit, la place qu'il venoit d'obtenir étant le but de tous ſes deſirs.

L'*Iter Œlandicum & Gothlandicum*, ---voyage en Œlande & en Gothlande, --- fut imprimé à Stockholm en 1745, *in-8°.*, en Suédois, ainſi que l'*iter Scanicum*, voyage en Scanie, in-8°., 1731, de 435 pages. Il eſt fâcheux que ces ouvrages n'aient pas été publiés dans une autre langue, on en auroit pu tirer beaucoup de détails importans pour l'agriculture. Ils ſont pleins d'obſervations curieuſes & philoſophiques que le public auroit reçues avec une grande ſatisfaction. Ils avoient pour principal objet l'application de l'hiſtoire naturelle à l'économie.

Dans le voyage en Œlande & en Gothlande Linné s'occupa principalement à chercher une eſpece de terre propre à faire une porcelaine ſemblable à celle de la Chine. Il devoit examiner tous les objets qui pouvoient remplacer utilement ceux que l'on importe, ſoit pour la médecine, ſoit pour les manufactures, & enfin il devoit donner une attention particuliere à l'hiſtoire naturelle ; il fut encore plus loin que ſes inſtructions ne l'y obligeoient,

puifqu'il y joignit encore une foule d'obfervations relatives aux antiquités de ces ifles ,
aux arts méchaniques , aux mœurs des habitans, à leurs pêcheries & divers autres articles;
mais il ne réuffit pas dans la premiere com-
miffion dont il étoit chargé , & il devoit s'y
attendre , ces deux ifles font entierement
formées de terre calcaire ou de roches de corail, qui eft fingulierement abondant dans la
Baltique.

Je pourrai citer comme une preuve du peu
d'attention qu'on avoit donné à l'hiftoire naturelle en Suede , que Linné découvrit dans
ce voyage plus de cent plantes inconnues
avant lui, & dont plufieurs pourroient être d'u-
fage en médecine & pour la teinture. Il s'atta-
cha particulierement à celles dont on pouvoit
tirer le plus d'utilité pour l'économie rurale ;
il montra aux naturels combien il leur feroit
avantageux de cultiver le rofeau des fables ,
Arundo arenaria, pour arrêter les fables & former un terrein folide fur les rivages. Ce rofeau remplit parfaitement ce but par la longueur de fes racines.

On trouve dans le voyage en Œlande une
remarque curieufe fur la végétation ; elle confirme l'accroiffement annuel du bois dans un
chêne; on y diftinguoit parfaitement les mau-

vaifes années 1578 , 1687 & 1709 ; par le peu d'épaiffeur des couches. Il décrit le procédé pour faire le goudron , tel que le pratiquent ces infulaires ; il y joint plufieurs obfervations fur la minéralogie en général , & particulierement fur le fer , qui eft très-abondant en Suéde ; il donne la defcription de la montagne de fer nommée Ta-berg , des mines d'alun de Mockleby ; il décrit auffi les *Poma Chriftallina* (*Ætites marmoreus* , L.) *Melons pétrifiés* , *Melo peponites ou étites calcaires* , ce qui répand quelque jour fur la formation des cryftaux.

Dans le voyage en Scanie, fait en 1749 , Linné traite d'une maniere affez étendue de la culture des terres marécageufes , & des plantes utiles & nuifibles, telles que le *Phellandrium aquaticum* , la Phellandrie aquatique, qui, dit-on, rend les chevaux paralytiques lorfqu'ils en mangent ; la Feftuque flottante, *Feftuca fluitans*, ou chiendent à la manne , dont les femences font particulierement utiles pour engraiffer les prés ; l'Agaric des mouches, *Agaricus mufcarius*, ou l'oronge fauffe, &c.

En 1743 , Linné confera les dégrés au D_r. J. Weftman, il récita à cette occafion fon troifieme difcours, intitulé : *Oratio de telluris habitabilis incremento* , de l'accroiffement

de la terre habitable. —— C'eſt une défenſe ingé-
nieuſe & ſçavante de l'hypothèſe que Newton
& quelques autres philoſophes ont paru adopter que la quantité d'eau répandue ſur le globe
diminue conſtamment. Cela le conduit à diſcu-
ter le 132ᵉ aphoriſme des *Fundamenta Botanica.*
—— *Initio rerum ex omni ſpecie viventium uni-
çum ſexus procreatum fuiſſe ſuadet ratio.* « La
» raiſon enſeigne qu'au commencement du monde
» il n'y eut qu'un individu de chaque ſexe d'être
» vivant de créé ». Le retirement des eaux de la
mer, particulierement apparent dans la Baltique,
a fait pencher le philoſophe Suédois vers l'o-
pinion de Newton. Il penſe que l'aphoriſme
de ſes *Fundamenta* peut entierement ſe déduire
de l'hypothèſe précédente & de la Geneſe.

Comme il cherche à réſoudre la difficulté
de la derniere partie de ſon hypothèſe, ſon
ſujet le conduit à entrer dans de grands détails ſur une partie de l'économie générale de
la nature, ce qui rend ſon diſcours infiniment
intéreſſant. Indépendamment des conjectures
relatives au ſoutien de ſon opinion, il examine les divers moyens par leſquels les plantes
ſe propagent ; ces moyens ſont les vents, la
pluie, les rivieres, les mers, les animaux, &c.
Toutes ces choſes concourent à répandre les
plantes diverſes ſur la ſurface de la terre, ainſi

que la différence des formes & de la nature des femences.

Dans l'introduction de ce difcours, Linné tourne l'attention du lecteur vers quelques-unes des découvertes les plus remarquables, dont l'Hiftoire Naturelle & la Phifique venoient d'être enrichies, particulierement celles relatives au polype & au fenega, herbe au ferpent *Polygala Senega*: il cite entr'autres un fait remarquable communiqué par le docteur Sauvage de Montpellier, fur les baies de la *Coriaria Myrtifolia*, Spec. pl. 1467, *Corroyere à feuilles de Myrthe*, dont l'effet eft de caufer l'épilepfie. Les trois difcours de Linné, font réunis à la fin du fecond volume des aménités, imprimé en 1752.

En 1745, Linné publia fa *FLORA SUECICA*, *exhibens plantas per regnum Sueciæ crefcentes, fyftematicè cum differentiis fpecierum, fynonymis autorum, nominibus incolarum, folo locorum, ufus pharmacopæorum, in 8°., Holm., pp. 392.*—Flore Suédoife, indiquant fyftêmatiquement toutes les plantes qui croiffent dans le royaume de Suéde, avec les caracteres des efpeces, les fynonymes des auteurs, le lieu où elles croiffent, leurs noms Suédois, leur ufage en médecine, *in - 8°*. Stockholm.

Cet ouvrage fut réimprimé en 1755, avec

des additions confidérables. La premiere édition contenoit 1140 plantes ; la feconde, fut augmentée par Linné & fes élèves, jufqu'à 1296 ; il ne donne pas dans cet ouvrage les caracteres des genres, il renvoye pour les connoître au *Genera Plantarum*, dont nous avons déjà parlé ; il ajoute à chaque nom fpécifique un certain nombre de fynonymes choifis & non-feulement les noms Suédois en général, mais encore ceux des provinces en particulier ; ufage qui mériteroit d'être imité, & qui eft abfolument néceffaire quand on décrit les productions d'un grand royaume. Plufieurs plantes rares font décrites avec beaucoup de détail ; il ajoute à d'autres des notes de critique botanique (62). Il a femé dans la feconde édition un grand nombre d'obfervations curieufes, relatives aux ufages économiques & médecinaux des plantes ; il indique particulierement celles qui peuvent fervir à la teinture. L'auteur ne perd jamais l'occafion de faire mention de la médecine euporiftique (63), qu'il croyoit, peut-être avec raifon, avoir été jufqu'alors trop négligée.

Cet ouvrage a fervi de modele à tous les auteurs qui ont compofés depuis des catalogues locaux, fur-tout à ceux qui ont fuivi le fyftême de Linné. Ils n'ont prefque rien ajouté au plan qu'il avoit tracé, & perfonne n'a rien fait de mieux en ce genre. Les plantes de la Laponie font jointes à celles de la Suéde; la préface, outre le catalogue des botaniftes, contient une divifion curieufe des différentes provinces de ce royaume; d'après les différences de leur fol & de leur fituation adaptée aux différentes plantes; Linné en parlant de chaque province indique les plantes qui s'y trouvent(64).

En 1746, Linné fit paroître *FAUNA SUE-CICA fiftens animalia Sueciæ regni ; mammalia, aves, amphibia, pifces, infecta, vermes; dif-tributa per claffes & ordines, genera & fpecies. &c. Holmiæ 1746.* ---FAUNE SUÉDOISE, conte-nant les animaux du royaume de Suéde; mammaux, oifeaux, amphibies, poiffons, infectes, vers; diftribués par claffes, ordres, genres & efpeces, &c. Stockolm, 1746, *in-8°.* —— Cet ouvrage a été confidérablement augmenté en 1761 ; la premiere édition contient 1350 arti-cles; la derniere, 2266. Les claffes, les ordres & les genres, ne font pas non plus moins détaillés dans cet ouvrage.

On n'avoit jamais vu une zoologie fi éten-due & fi complette. Linné y donne à chaque animal comme il avoit fait à chaque plante, un nom fpécifique, exprimant autant qu'il eft poffible fon véritable caractere. Il rapporte les

fynonymes

fynonymes des meilleurs auteurs & fur-tout de ceux qui ont le mieux décrit l'animal.

Les infectes forment une grande partie de ce catalogue ; il y en a 1700 efpèces , toutes indigènes, caractérifées méthodiquement d'une maniere entièrement neuve, & qui a été adop- tée depuis par tous ceux qui ont écrit fur ce fujet. Nous parlerons plus amplement de leur claffification dans l'extrait que nous donnerons bientôt du *Syftema Naturæ*.

Une zoologie portative , faite fur ce plan eft un ouvrage qui manque à l'Angleterre (65) ; mais il faudroit y joindre à la fuite de chaque claffe la lifte des genres qu'elle ren- ferme , & donner leurs caracteres. La Faune Suédoife eft accompagnée de deux planches repréfentant les oifeaux les plus rares, & d'une table qui explique les termes ornithologiques, employés par Linné. Voici le nombre que contient chaque claffe d'animaux.

1 MAMMALIA (65*).	Mammaux.	53
2 AVES.	Oifeaux.	195
3 AMPHIBIA.	Amphibies.	25
4 PISCES.	Poiffons.	77
5 INSECTA.	Infectes.	1691
6 VERMES.]	Vers.	198

Le hazard fit paſſer entre les mains de Linné un herbier conſiſtanr en cinq gros volumes de plantes. Il découvrit que c'étoit la collection que le fameux profeſſeur Paul Hermann (66), avoit raſſemblée dans l'iſle de Ceylan, pendant le voyage qu'il y fit aux frais de la Compagnie des Indes Hollandoiſes. Cet herbier avoit été perdu pendant 70 ans ; le hazard le fit tomber entre les mains de M. Gunther , Apothicaire du Roi de Danemarck, qui l'envoya à Linné en le priant de nommer les plantes de cette ſuperbe collection. La réputation de celui qui l'avoit faite engagea Linné à l'examiner avec la plus grande attention. Cet herbier lui fit établir quelques genres nouveaux & fixer quelques eſpeces douteuſes ; enfin il publia le réſultat de ſon travail, ſous ce titre : *FLORA ZEYLANICA ſiſtens plantas Indicas Zeylonæ inſulæ quæ olim 1670-1677 , lectæ fuere , à Paulo Hermanno , profeſſore botanico Leydenſi ; demum poſt 70 annos , ab A. Gunthero orbi redditæ, Holm. 1747, in-8°. , pp. 254 , tab. 4.* — FLORE CEYLANIQUE , contenant les plantes Indiennes de l'iſle de Ceylan , recueillies autrefois depuis l'année 1670 , juſqu'à l'année 1677, par Paul Hermann , profeſſeur de botanique à Leyde , & rendu à l'univers au bout de 70 ans, par A. Gunther. Stockolm 1747, *in-8°.* de *354* pages, avec 4 planches.

Cet ouvrage eſt encore d'uſage comme un pinax & peut ſervir de catalogue Linnéen pour les plantes du Threſor Ceylanique de Burmann, *Burmanni Theſaurus ZEYLANICUS,* publié en 1738 , & accompagné de plus de 200 figures.

L'herbier étoit compoſé d'environ 660 plantes ; Linné a aſſigné à 400 la véritable place qui leur convenoit dans ſon ſyſtême ; le reſte étoit trop imparfait pour admettre cette diſtinction. Ce volume eſt enrichi d'une hiſtoire abrégée de la botanique , depuis ſon origine juſqu'à la renaiſſance des lettres dans le ſeizieme ſiecle & de l'Hiſtoire Naturelle de l'Iſle & de ſes productions en général (67), de quelques détails ſur J. Hartog , qui avoit été envoyé par le docteur Sherard pour faire des collections dans cette iſle , & ſur le *Theſaurus Zeylanicus* de Burmann. Linné prouve que cet herbier a appartenu à ce profeſſeur en montrant que les numéros & les plantes répondent à ceux du *Muſeum Zeylanicum ,* — Muſée ou cabinet Ceylanique , publié en 1717.

Nous voyons maintenant Linné dans la ſituation qui convenoit à ſon caractere, à ſes goûts & à ſes talens, & qui paroît avoir été l'objet de son ambition & le but de tous ses desirs. Aussitôt après son établissement il travailla à mettre le jardin académique , qui avoit été fondé en 1637 , sur un meilleur pied , & il en vint bientôt à bout, il obtint aussi qu'on bâtît une maison pour loger le professeur ; tout avoit été brûlé lors de l'incendie de 1702, & quand il fut nommé, le jardin ne contenoit pas plus de cinquante plantes exotiques. Ses correspondances avec les premiers botanistes de l'Europe lui en procurerent bientôt un grand nombre ; il reçut des plantes des Indes, de M. de Jussieu, de Paris, & de Van Royen, de Leyde ; des plantes européennes de Haller & de Ludwig ; des plantes d'Amérique de Collinson & de Catesby, & une grande quantité de plantes annuelles de Dillen. Enfin on peut voir combien ses soins enrichirent le jardin en peu d'années en jettant les yeux sur le catalogue qu'il publia & qui a pour titre : *Hortus Upsaliensis , exhibens plantas exoticas horto Upsaliensi Academiæ, à Carolo Linnæo illatas , ab anno 1742, in annum 1748, additis differentiis, synonymis, habitationibus, hospitiis, rariorumque descriptionibus , in gratiam studiosæ juventutis, Holm. 1748, in-8°. pp. 306, tab. 3.* — *Jardin d'Upsal, contenant les plantes exotiques, apportées au jardin de l'academie d'Upsal, par Charles Linné, depuis l'année 1742, jusqu'à l'année 1748, avec les synonymes, les lieux qu'elles habitent, ceux dans lesquels on les cultive, les descriptions de celles qui sont les plus rares, pour faciliter les progrès de la jeunesse studieuse. Stockholm 1780, 8°. de 306 pag. avec 3 planches.*

Il paroît par ce catalogue que Linné avoit introduit dans ce jardin 1100 especes, outre les plantes de Suede & leurs variétés, le nombre des plantes indigènes, fait environ le tiers de la totalité.

La préface contient une histoire curieuse du climat d'Upsal & des changemens des saisons; nous y apprenons que la plus forte chaleur qu'on ait éprouvé à Upsal fut le second jour de juillet de l'été de 1747, le thermometre de Celsius étant de 30 dégrés au-deffus de 0; que le plus rigoureux froid fut le 25 janvier de 1740, le thermometre étant à 28 dégrés au-deffous de 0. Dans ce thermometre le dégré de la glace est 0 & celui de l'eau bouillante est 100. Après sept années d'obfervations on trouva que le chêne ne pouffe jamais ses feuilles avant le 16 de mai, & que ce n'est quelquefois qu'après le 22 (68).

Ce fut vers cette époque que Linné fit une

découverte remarquable, relative à la génération des perles sur la *Mya Margaritifera*, Syst.
1112. La Mye Margaritifere, c'est-à-dire, porte
perle ; ce coquillage ne doit pas être confondu
avec celui qu'on appelle la *Mere des perles*, qui
est d'un genre très-différent & qui n'habite
que les climats chauds (69); celui dont il est
ici question, se trouve dans toutes les rivieres
des pays septentrionaux. Il est très-abondant
en Suede, en Norwege ; on le trouve dans les
rivieres des comtés de Tyrone en Irlande,
& de Donnegal en Ecosse. On dit qu'il y en
a beaucoup dans le Danube, & qu'il n'est pas
rare dans les rivieres d'Angleterre.

Ce coquillage supporte très bien le tranf-
port ; dans quelques endroits on forme des
réservoirs pour le conserver & en retirer les
perles qui se reproduifent au bout d'un certain tems. D'après les observations sur sa croif-
fance, & sur le nombre de ses lames circulaires,
on croit qu'il doit vivre très-longtems & même
beaucoup au-delà de 50 ou 60 ans.

La découverte de Linné étoit une méthode
qu'il avoit imaginée pour mettre les muscles de
cette mye en état de produire des perles à
sa volonté, quoique l'effet qu'il se proposoit ne
pût avoir lieu qu'au bout d'un certain nombre
d'années. Cinq ou six ans après l'opération

la mye devenoit, selon lui, à peu près de la grosseur d'une vessie; nous ignorons comment il faisoit cette opération extraordinaire; mais elle fut probablement publiée & regardée comme de quelqu'importance, puisque les Etats du royaume lui accordérent une récompense pour cette découverte. Nous regrettons bien de ne pouvoir pas en dire davantage; nous sçavons seulement, d'après une dissertation publiée quelques années après dans les mémoires de l'académie de Berlin, que tout le secret consistoit à blesser la coquille extérieurement, peut-être en la perforant. On a observé que ces concrétions se trouvent dans les coquilles, précisément au côté opposé à celui où elles ont été percées ou blessées par quelques *serpulæ* ou par d'autres animaux.

Lorsque Linné & Rosen eurent été créés professeurs à Upsal, il paroît que la réputation de cette université de médecine s'accrut considérablement. De jeunes étudiants arriverent d'Allemagne pour suivre ces deux célébres professeurs, & leur excellente méthode engagea plusieurs Suédois, qui auroient embrassé d'autres professions, à se livrer à l'étude de la médecine (70). Nous ne devons pas sortir de notre sujet pour suivre le professeur Rozen dans ses leçons; il nous suffit de dire que le zele & les talens de ces deux grands hommes firent la réputation de cette université.

Linné dans ses leçons sur les diagnostiques des maladies, *Diagosis morborum*, avoit adopté le plan de Sauvages, dans sa nosologie, avec quelques modifications. En 1749, il publia pour l'usage de ses disciples, *MATERIA MEDICA, Liber I. de plantis digestus secundum genera, loca, nomina, qualitates, vires, differentias, durationes, simplicia, modos, usus, synonyma, culturas, præparata, potentias, composita. Holm.* 1749, *in-8°. pp.* 252. — *MATIERE MÉDICALE livre I. contenant les plantes, selon les genres, les lieux, les noms, les qualités, les vertus, les différences, la durée, les médicamens simples, les doses, les usages, les synonymes, la culture, les médicaments composés, les effets, la préparation, &c.*

La méthode étendue selon laquelle cet ouvrage est exécuté, les dissertations utiles qui le précédent, en font un manuel très-commode & très instructif pour les étudians. Une matiere médicale du régne végétal dans laquelle toute les plantes sont déterminées par un aussi grand botaniste que Linné, devenoit une acquisition importante pour la science. Cet ouvrage contient 535 articles, & quelques-uns sont pour la premiere fois rapportés à leur véritable genre.

tels font *Ipecacuanha*, *Pareira brava*, *Coculi indici* & quelques autres ; voici la méthode qu'il y fuit :

1. Il donne le caractere fpécifique de la plante.

2. Le fynonyme de G. Bauhin ; ou fi la plante lui étoit inconnue, celui de fon premier inventeur.

3. Le pays qui la produit : il exprime enfuite par une épithete fi c'eft une herbe, un arbriffeau ou un arbre ; fi elle eft annuelle, bifannuelle ou vivace, & fi elle eft indigène ou non ; fi on peut la cultiver facilement dans les jardins ; s'il faut la défendre du froid ou du chaud en Suéde, & fi elle ne peut pas fupporter ce climat.

4. Il indique auffi les noms Suédois officinaux, quelles font les parties de la plante dont on fait ufage, la maniere de les préparer, & à quelle dofe il faut les adminiftrer.

5. Les qualités fenfibles des plantes, c'eft-à-dire fi elles font ameres, aromatiques, acides, aftringentes, &c. odorantes, fétides ou inodores, gommeufes, réfineufes ou laiteufes. Les propriétés qu'on leur attribue, fi elles font douteufes, reconnues & atteftées, ou s'il faut s'en fervir avec précaution ; fi elles font d'ufage en médecine ou pour la cuifine, &c.

6. Leurs effets fur le corps humain ; fi elles

font purgatives, émétiques, diurétiques, &c.

7. Les maladies pour lesquelles on les ordonne le plus fréquemment.

8. Les remedes composés dans lesquelles elles entrent, selon le dispensaire Suédois.

A la fin du volume, il y a un *index morborum*, — index des maladies, — avec les simples qui leur font propres, & un *index virium*, — index des propriétés, — adapté à la classification précédente, fondée d'après les effets des plantes fur les fluides ou les solides du corps humain (71).

Ce fut en 1749 que parut le premier volume de la collection de Theses, connue fous ce titre. *AMŒNITATES ACADEMICÆ feu Differtationes variæ Phificæ Medicæ & Botanicæ, in-8o.* — AMÉNITÉS ACADÉMIQUES ou Recueil de Differtations fur différens fujets de Phifique, de Médecine & de Botanique, *in-8o.*

Ce Recueil a été continué & porté jufqu'à 7 volumes, dont le dernier parut à Stockholm en 1769. Ces volumes n'étoient pas plutôt publiés, qu'ils étoient auffi-tôt réimprimés en Allemagne & en Hollande. Ces Theses Académiques étoient préfidées par Linné, en fa qualité de Profeffeur, & elles ont la même autorité que fes propres écrits. Plufieurs de ces Differtations expliquent & commentent certaines parties de fes ouvrages, & il en a fouvent choifi le fujet dans ce deffein. J'en donnerai un extrait à la fin de ce volume : elles font toutes fur les fujets les plus piquans & les plus variés de l'hiftoire naturelle & de la phifique, & rédigées avec un goût & un fçavoir infini.

Linné méditoit un de fes principaux ouvrages, qu'on attendoit depuis long-temps avec impatience, lorfqu'il fut arrêté par une attaque de goute qui le réduifît à un état prefque défefpéré ; mais rien ne contribua plus à lui rendre la fanté, fi l'on en croit le récit de quelques-uns de fes amis, qu'une collection de plantes rares, & non décrites, qu'il reçut alors.

Dès qu'il fut rétabli, il publia *PHILOSOPHIA BOTANICA, in qua explicantur fundamenta botanica cum definitionibus partium, exemplis terminorum, obfervationibus rariorum, adjectis figuris, Stock. & Amft. 1751, in-8°. pp. 362. tab. 11.* — PHILOSOPHIE BOTANIQUE, dans laquelle on explique les élémens de la botanique, avec des définitions des parties, des exemples, des termes, des obfervations fur ceux qui font les plus rares, & des figures, Stockholm & Amft. 1751, in-8°. de 362 pages, avec 11 planches.

Cet ouvrage doit être regardé comme un traité complet de tout le système Linnéen pour la botanique. Ceux qui ont adopté le système sexuel ne s'en peuvent passer. Linné y commente ses *Fundamenta*, publiés en 1736, & qui contiennent 365 aphorismes, divisés en 12 chapitres. La premiere intention de l'auteur avoit été de commenter chacun de ces aphorismes, comme il avoit fait dans ses *BIBLIOTHECA BOTANICA*, *Bibliotheque Botanique* ; *CLASSES PLANTARUM*, *Classes des plantes* ; *SPONSALIA PLANTARUM*, *noces des plantes* ; *CRITICA BOTANICA*, *critique Botanique* ; *VIRES PLANTARUM*, *vertus des plantes*. Mais ses nombreuses occupations ne lui en laisserent pas le temps.

Ch. 1. *BIBLIOTHECA*, (Bibliotheque.) Distribution systématique des principaux écrivains botanistes ; cette partie de la *Philosophia* a été traitée beaucoup plus amplement dans la *Bibliotheca Botanica*.

Ch. 2. *SYSTEMATA*, (Systêmes.) C'est un coup - d'œil sur les Systêmes botaniques, un abrégé des *classes plantarum*. Mais il rend compte ici de quelques nouveaux Systêmes, tels que ceux de Van - Royen, de Haller & de Wachendorf.

Ch. 3. *PLANTÆ* (les plantes). Il y explique les termes dont il se sert pour décrire les différentes especes de racines, de tiges, de feuilles, &c.

Ch. 4. *FRUCTIFICATIO* (la fructification). Il y décrit les parties de la fructification, & y dépeint tous les termes employés pour exprimer leur nombre, leur figure, leur proportion, leur situation & leurs usages.

Ch. 5. *SEXUS* (le sexe). Il a rapport au sexe des plantes. Linné a traité ce sujet avec plus d'étendue dans une Dissertation intitulée : *Sponsalia plantarum*, imprimée dans le premier volume des *Amœnitates Academicæ*.

Ch. 6. *CHARACTERES* (caracteres). Régles & définitions pour établir les caracteres des classes, des ordres & des genres.

Ch. 7. *NOMINA* (noms). Régles pour former systématiquement les noms génériques, & ceux des classes & des ordres.

Ch. 8. *DIFFERENTIÆ* (différences). Régles pour établir les caracteres spécifiques des plantes.

Ch. 9. *VARIETATES* (variétés). Régles pour distinguer les variétés des especes.

Ch. 10. *SYNONYMA* (synonymes). Régles pour la disposition des noms synonymes, dans les ouvrages de botanique.

Ces quatre derniers chapitres font le fujet de la *critica Botanica*.

Ch. 11. *ADUMBRATIONES*. Régles pour décrire & nommer les efpeces; & pour en donner l'hiftoire d'une maniere fyftématique.

Ch. 12. *VIRES* (vertus). Ce chapitre eft relatif aux vertus des plantes; il les déduit de leurs rapports dans les caracteres, ou de leurs place dans les claffes, les ordres naturels, ou les genres. Ce fujet eft traité d'une maniere beaucoup plus étendue dans le premier volume des Aménités Académiques. Voici quelques exemples : toutes les plantes du genre *convolvulus*, telles que la fcammonée, *convolvulus fcammonia* L, le méchoacan, *convolvulus mechoacanna* L, le turbith, *convolvulus turpethum* L, la foldanelle, *convolvulus foldanella* L, font purgatives. Toutes les plantes de l'ordre naturel des colomniferes, les malvacées, quoique de genres différents, font mucilagineufes. Toutes les ombelliferes qui croiffent dans un terrein fec, font aromatiques, fudorifiques & carminatives ; celles qui croiffent dans des lieux humides, font fufpectes, & prefque toutes veneneufes. Les papilionacées font excellentes pour la nourriture des beftiaux. Les fyngenefiques font ordinairement ameres. Les coniferes font toujours vertes, réfineufes & diurétiques.

Ce volume eſt terminé par 10 planches, dans leſquelles on trouve la figure des différentes formes de feuilles, & de leur différente poſition ſur la tige, & celle de pluſieurs ſortes de racines, tiges, fleurs, &c. Les planches qui repréſentent les feuilles, avoient déja été donrées dans l'introduction de l'*HORTUS CLIF-FORTIANUS*. On trouve dans le ſixiéme volume des Aménités, l'explication de quelques termes inventés depuis la publication de la *philoſophia*, dans une Diſſertation qui a pour titre *TERMINI BOTANICI*, —— *Termes Botaniques* (72).

On ne ſçait ce qu'on doit le plus admirer dans cet ouvrage, ou du génie fécond & inventif de l'auteur, ou de cet arrangement méthodique & parfait qu'il a donné à tout l'enſemble.

On trouve à la fin des volumes quelques fragments curieux, tels que,

1 Conſeils aux jeunes Botaniſtes.

2 Méthode pour former un Herbier.

3 Méthode pour faire des excurſions botaniques.

4 Méthode pour conduire un jardin botanique.

5 Plan pour les Naturaliſtes qui voyagent, & pour la rédaction d'un journal.

6 Idée d'un Botaniste accompli , lifte de quelques-uns des principaux Botaniftes.

7 Métamorphofe du végétal (73).

En 1753, Linné publia fon ouvrage immortel. *SPECIES PLANTARUM exhibens plantas rite cognitas , ad genera relatas , cum differentiis fpecificis, nominibus trivialibus, fynonymis, feleêlis, locis natalibus, fecundum fyftema fexuale digeftas.* tom. 2, *in - 8°.* 1753, 1200 — *LES ESPECES DES PLANTES , indiquant les plantes bien connues , rapportées à leurs genres, avec les différences fpécifiques , les noms triviaux, les fynonymes choifis, & le lieu où elles croiffent, rédigées felon le fyftéme fexuel,* 2 vol. *in-8*₀. 1753, de 1200 pages.

Cet ouvrage a été réimprimé en 1762. Cette feconde édition a 1684 pages. Linné avoit travaillé pendant long-temps pour donner à cet ouvrage la perfeÉtion dont il étoit fufceptible & tous fes autres écrits , fur-tout les catalogues locaux, n'étoient en quelque façon que préparatoires.

Linné caraÉtérife dans cet ouvrage, toutes les plantes qu'il a vues ; il n'en admet guères d'autres, & celles-là font diftinguées par une marque particuliere ; il fe rapporte rarement à l'autorité des autres. Le plan eft à-peu-près

le

le même que celui qu'il avoit suivi dans presque tous ses autres catalogues locaux. Il n'y traite que des especes; & comme l'ouvrage est purement botanique, leurs vertus & leurs usages n'y sont pas indiqués.

Chaque plante a un nom spécifique, formé selon la régle établie dans le huitieme chapitre de la *Philosophia Botanica*. Linné cite tous ses ouvrages, ou quelques-uns de ceux, dans lesquels la plante a été décrite, & il indique son synonyme, s'il differe du nom actuel. Après cela viennent les synonymes des auteurs ; il enseigne toujours si la plante est très-rare, si elle est nouvellement découverte, & il cite les meilleures figures. Il ajoute le pays de la plante, & souvent un figne qui exprime sa durée, c'est-à-dire si elle est annuelle, bisannuelle ou vivace.

C'est dans cet ouvrage que Linné a commencé à donner à chaque plante, ce qu'il appelle un nom *trivial*. C'est une seule épithete qui exprime autant qu'il est possible, la différence qui sépare la plante des autres especes congeneres (73*). Mais cela ne peut pas toujours avoir lieu ; alors il lui impose le nom du pays où elle croît, ou celui de son premier inventeur. Cette derniere méthode, si elle étoit susceptible d'être toujours suivie, donneroit

E

l'hiftoire chronologique des plantes , & perpé-
tueroit la mémoire des inventeurs. Le nom trivial eft imprimé en marge, afin d'être apperçu
le premier, ce qui eft d'une grande commodité.

L'invention des noms triviaux , dont la premiere idée eft probablement dûe à Rivin (74),
aide fingulierement la mémoire. Elle a beaucoup
avancé les connoiffances. Les botaniftes ont
adopté ces noms, dont ils ont reconnu l'utilité
pour écrire & parler fur les plantes , & en
former des catalogues (75).

Linné, dans la préface, témoigne fa reconnoiffance des fecours qu'il a reçus, & il rend
compte des efforts qu'il a fait pour mettre l'ouvrage dans l'état où il le livre. Il indique les contrées qu'il a parcourues, les jardins botaniques
qu'il a vifités, les herbiers qu'il a examinés en
Suéde, en Hollande, en Angleterre & en France;
les noms des éleves qu'ils a formés, leurs voyages;
il reconnoît qu'il leur eft redevable de beaucoup de plantes qu'il en a reçues , & que toutes
ces chofes lui ont été fort utiles. Il termine fa
préface par un remerciment de toutes les graines & de toutes les plantes qui lui ont été gé-
néreufement envoyées de toutes les parties du
monde par différents botaniftes (76). Cet ouvrage contient, comme nous l'avons vu, toutes

les plantes que Linné connoiſſoit alors ; elles ſont au nombre de 7,300 eſpeces ; les variétés ne ſcnt pas indiquées. Les botaniſtes regrettent ſeulement que l'auteur n'ait pas pu faire lui-même le pinax & l'hiſtoire de toutes les plantes qu'il a décrites.

Linné publia auſſi cette année un autre ouvrage , *MUSEUM TESSINIANUM opera Comitis C. G. Teſſin, Regis Regnique ſenatoris , &c. &c. collectum Holm. 1753 , fol. pp. 90.* — MUSEUM TESSINIEN, raſſemblé par les ſoins du Comte C. G. Teſſin, Conſeiller du Roi & du royaume.

C'eſt une deſcription du cabinet du Comte de Teſſin, ami & le premier protecteur de Linné. Il étoit alors gouverneur du Prince Royal, actuellement Roi de Suéde. Il n'avoit rien épargné pour raſſembler ce cabinet de minéraux, qui étoit ſur-tout très-riche en foſſiles figurés ou ſinguliers : les figures repréſentent pluſieurs de ces foſſiles qu'on n'avoit pas encore vus.

Les pétrifications ou foſſiles figurés , ſont diſpoſés dans cet ouvrage en quatre ordres, d'après leurs différentes formations.

1. *FOSSILIA, les foſſiles.* Ce nom eſt généralement connu. Ce ſont les coquilles , les coraux, les animaux qui n'ont point changé,

ils ont feulement été plus ou moins privés du gluten animal.

2. *REDINTEGRATA*, *réintégrés*, foffiles terreux, pierreux, ou cryftallins formés dans quelques corps cruftacés ou teftacés, comme dans un moule, & qui ont ainfi retenu la forme fans l'enveloppe.

3. *IMPRESSA*, *les empreintes*. Ce font des poiffons, des plantes, &c. qui ont laiffé leur empreinte fur quelque corps minéral.

4. *TRANSUBSTANTIATA*, *tranfubftantiés*. Ce font des pétrifications parfaites des corps dont la partie organique a été entiérement remplacée par le fuc lapidifique, & qui ont confervé leur ftructure extérieure & intérieure (77).

En 1754, Linné fit paroître *MUSEUM REGIS ADOLPHI Suecorum , &c. in quo Animalia rara , imprimis exotica Quadrupedia , Aves, Amphibia, Pifces, Infecta, Vermes defcribuntur & determinantur Latinè & Suecicè, in fol. 1754, pp. 135 , tab. 33. — MUSEUM D'ADOLPHE, ROI DE SUÉDE, dans lequel les animaux rares, principalement les éxotiques , Quadrupedes, Oifeaux, Amphibies, Poiffons, Infectes, Vers, font décrits & déterminés, ouvrage écrit en Latin & en Suédois, en 1754, in-fol. de 135 pages, avec 33 planches.*

Ce bel ouvrage eſt ſouvent cité par Linné, dans ſon *SYSTEMA NATURÆ*, à cauſe des figures des poiſſons & des ſerpens rares qui y ſont gravés ; les premiers au nombre de 48, les derniers au nombre de 32 ; les échantillons ſont conſervés dans la liqueur à Stockholm, au palais d'Ulricksdahl (78).

La réputation que Linné s'étoit acquiſe par ſon *Syſtema Naturœ*, dont il avoit publié la ſixieme édition à Stockholm en 1748, *in-8°.* de 232 pag., avec 8 planches pour l'intelligence des claſſes & des ordres, & qui avoit été réimprimé par Gronovius, à Leyde, avoit fait envoyer & tranſporter en Suéde, de toutes les parties du monde, une foule de choſes neuves & curieuſes dans chacun des régnes de la nature. Le Roi & la Reine avoient des collections ſéparées : la premiere à Ulricksdahl, il en a déja été parlé ; l'autre conſiſtoit en inſectes & en coquilles fort rares acquiſes à grands frais, elle étoit placée dans le palais de Drottningholm. Linné s'occupoit à les arranger & à les décrire. Outre cela le Muſeum de l'académie royale d'Upſal, avoit été augmenté par une donation conſidérable du Roi, pendant qu'il n'étoit encore que Prince héréditaire. En 1746, le comte Gyllenborg & M. Grill, riche citoyen de Stockholm, l'enrichirent auſſi beaucoup. On trouve dans le premier volume des Aménités Académiques, le catalogue des collections qu'ils donnerent à l'académie; nous n'en faifons mention ici que pour faire voir que Linné commençoit à trouver des reffources en Suéde pour toutes les parties de l'hiftoire naturelle. Outre cela, plufieurs fçavants qu'il avoit formés, étoient difperfés dans divers climats (79), & leur correfpondance lui procuroit beaucoup d'éclairciffements & de plaifir. Gmelin lui envoya de Sibérie, des graines & des échantillons de plantes. Le docteur Mitchel & le gouverneur Coldinghan, lui en envoyerent d'Amérique; M. Collinfon, d'Angleterre; Ellis & d'autres amis, de Hollande & d'autres endroits de l'Europe. Il éprouvoit ainfi très-peu le défavantage du climat fous lequel il paffoit fa vie.

Nous allons commencer à voir Linné dans une fituation bien différente & dans un rang plus élevé; fa réputation lui avoit procuré l'entrée dans plufieurs fociétés fçavantes de l'Europe; l'académie Impériale l'avoit reçu, & felon fa coutume de donner à fes membres les noms des auteurs claffiques, elle l'avoit heureufement appellé *Diofcorides fecundus* (le fecond Diofcoride) (80). Il reçut en 1753, le même honneur de la fociété royale de Londres, & fon

Souverain qui honoroit son mérite, son caractere & ses talents, lui donna une grande preuve de son estime en le créant Chevalier de l'Etoile Polaire. Son traitement n'étoit point au-dessous de sa réputation & des honneurs qu'il recevoit, la pratique de la médecine lui rapportoit beaucoup d'argent ; peu de temps après il acheta la terre d'Hammarby, à cinq milles d'Upsal.

Il obtint alors un témoignage bien flatteur de l'étendue de sa réputation ; c'est peut-être le plus bel hommage qu'on ait rendu à un sçavant, si l'on examine, avec attention, l'état de la nation dont il le reçut, & toutes les autres circonstances. C'étoit une invitation du Roi d'Espagne pour venir s'établir à Madrid, & y professer l'histoire naturelle. Il lui offroit une pension de 2000 piastres, des lettres de noblesse, & l'exercice libre de sa religion. Linné répondit que s'il avoit quelques talents, il les devoit à sa patrie.

En 1755, l'académie royale des sciences de Stockholm lui donna un des premiers prix, fondés par le comte de Sparre. Il consistoit en deux médailles d'or de la valeur de dix ducats chacune, qui devoient être adjugées aux auteurs des Mémoires imprimés dans le dernier volume des Actes de l'Académie, relatifs aux progrès de l'Agriculture, & de toutes les branches de l'Economie rurale. Cette médaille porte d'un côté les armes du comte de Sparre, avec ces mots, *superstes in scientiis amor FREDERICI HENRICI SPARRE*, l'amour de Frédéric-Henri Sparre pour les sciences lui survit.

Linné obtint ce prix pour un Mémoire dont voici le titre : *De plantis, quæ Alpium Suecicarum indigenæ, magno rei œconomicæ & medicæ emolumento fieri possint.* —— Des plantes qu'on pourroit naturaliser dans les alpes Suédoises, au grand avantage de l'économie & de la médecine. —— Son principal but étoit d'encourager la culture de ces plantes dans la Laponie. Ce Mémoire est inféré dans les Actes de l'Académie de Stockholm, pour l'année 1755, vol. XV.

Linné obtint aussi le prix de cent piéces d'or, proposé par l'Académie Impériale des Sciences de Pétersbourg, pour le meilleur Mémoire dans lequel la doctrine du sexe des plantes, feroit établie ou réfutée par de nouveaux arguments. Il écrivit à ce sujet une Dissertation intitulée *DISQUISITIO de quæstione ab Acad. Imp. Scient. Petrop. in annum 1759, pro præmio proposita : SEXUM PLANTARUM argumentis & experimentis novis, præter adhuc jam cognita vel corroborare vel impugnare, præmissa expositione historica & physica omnium plantæ partium quæ aliquid ad fæcundationem & perfectionem feminis & fructus conferre creduntur ; ab eadem academia die 6 fept. 1760 , in conventu publico præmio ornata , in - 4°. pp. 42.* — RECHERCHES fur cette queſtion, propofée pour fujet du prix en 1759, par l'Académie Impériale des Sciences de Pétersbourg : Confirmer ou combattre LE SEXE DES PLANTES par de nouveaux arguments & de nouvelles expériences , précédées d'une expofition hiſtorique & phyſique de toutes les parties des plantes qui font regardées comme néceſſaires à la fécondation & à la perfection de la femence & du fruit, couronnées par la même Académie, dans fon aſſemblée publique du 6 feptembre 1760. Petersbourg, 1760, *in*-4°. de 42 pages (81).

Linné, entre les arguments, les expériences & les faits déja connus en faveur de cette queſtion , a très-bien prouvé par une fuite d'obfervations neuves , qu'il eſt néceſſaire que la pouſfiere des étamines ou parties mâles des plantes , foit verfée fur le ſtigmate , ou partie femelle , pour rendre la femence fertile. La théorie de la végétation expofée au commencement de cette Diſſertation , eſt encore expliquée d'une maniere plus étendue dans celle intitulée : *Prolepſis plantarum.* — Préliminaire fur les

plantes. — imprimée dans le fixieme volume
des Aménités.

Si la gloire de Linné avoit été fufceptible
d'accroiffement, c'en auroit été un très-grand
que d'avoir mérité le prix de l'Académie de
Pétersbourg, d'autant qu'un profeffeur de cette
fociété avoit tenté, avec une partialité vi-
fible, & une futilité égale à celle des autres
antagoniftes de notre Auteur, de détruire
tout le fyftéme botanique de Linné, en s'ef-
forçant de prouver que la doctrine fexuelle
n'étoit pas fondée fur la nature, & qu'elle n'é-
toit foutenue ni par l'obfervation ni par l'expérience.

Les talents & les efforts réunis de Linné & de
fes collégues, principalement de Rofen, augmenterent beaucoup la réputation de l'univerfité d'Upfal, comme nous l'avons déja dit.
Il eft certain que le nombre des étudians dou-
bla : les profeffeurs étoient récompenfés de leurs
peines par le fuccès de leurs éleves, & par les
obfervations qu'ils leur communiquoient. Plufieurs d'entr'eux entreprirent volontairement des
voyages longs & périlleux, entraînés par le feul
amour de la fcience. Des protecteurs particuliers ou des fociétés fçavantes, leur fournirent
l'argent néceffaire pour ces entreprifes, & con-
tribuerent ainfi au progrès de la fcience de la na-

ture & des autres connoiſſances. Pluſieurs de ces jeunes ſçavants périrent, ſoit par le changement de climat, ſoit par d'autres cauſes, & le fruit de leur travail fut perdu avec quelques-uns d'entr'eux. Telle fut la deſtinée de Ternſtröem, à Pulicander, en 1745; d'Haſſelquits, qui viſita l'Egypte & la Paleſtine, & mourut à Smyrne en 1752; de Lœpfling, qui mourut à Cumana en 1786; rien ne nous reſte du premier. La Reine de Suéde racheta les papiers d'Haſſelquits. Linné les publia ſous le titre de *ITER PALESTINUM.* — Voyage en Paleſtine. — En 1757, il rendit auſſi publiques les Obſervations de Lœpfling, ſous le titre de *ITER HISPANICUM.* (Voyage en Eſpagne). En 1758, il a mis à la tête de chacun de ces ouvrages, une courte notice ſur ſon auteur. Nous avons auſſi le réſultat des voyages de Kalm, dans l'Amérique ſeptentrionale, d'Osbeck & de Toren, qui tous deux étoient chapelains des vaiſſeaux des Indes orientales. Je fais une mention particuliere de ceux-ci, parce qu'ils ont été traduits depuis, & publiés en Anglois. Nous devons regretter la perte encore récente de Forskal & de ſes malheureux compagnons, qui moururent en Arabie, ſur-tout depuis que nous avons ſes fragments poſthumes, publiés à Copenhague en 1775. Ils ſuffiſent pour nous convaincre, des grands avantages qu'auroit procuré cette expédition, si elle avoit été plus heureuse (82).

Plusieurs autres jeunes naturalistes entreprirent des voyages éloignés, dans le même dessein, tels que Montin qui visita Lula dans la Laponie en 1749 ; Kæhler, qui parcourut la partie méridionale de l'Italie en 1752 ; Solander, qui visita en 1753 Pitho & Torno, en Laponie, fit beaucoup de découvertes & rapporta diverses plantes rares, & d'autres objets curieux & intéressants qui avoient échappé à la vigilance de son illustre maître. Rolander qui fut à Surinam & à Saint-Eustache en 1755. A. P. Martin, qui vit le Groenland en 1758, & Alstroëmer, qui examina les parties méridionales de l'Europe en 1760 ; je ne dirai rien de ceux qui firent un nouveau voyage en Gothie en 1752 & 1760, après que Linné eut parcouru cette province (83).

La partie de cet ouvrage, qui traite du régne végétal, avoit déja été publiée séparément & fort en détail, dans les *Genera plantarum*, dans les différentes flores de Linné, & enfin dans ses *Species plantarum*. Cependant, quoiqu'on eût fait neuf éditions du *Systema*, Linné n'avoit guère donné que les caracteres des genres du régne animal, sans un seul nom spécifique ; de sorte que la neuviéme édition publiée à Leyde, ne formoit qu'un petit volume *in-*8°. de 226 pages ; ce n'étoit qu'une réimpreſſion de la ſixiéme édition de 1748. Le plan de l'auteur ne fut complet qu'à l'époque de la dixiéme édition en 1758. La premiere partie de cette édition, qui contenoit le regne animal, formoit à elle-ſeule un volume de 821 pages ; & la même partie dans la derniere édition a été conſidérablement augmentée & portée à 1327 pages. On doit regarder cette édition publiée en deux volumes à Stockholm, en 1766 & 1767, comme ayant été rendue par l'auteur, auſſi parfaite qu'il lui étoit poſſible ; il certifie n'avoir décrit que les animaux qu'il avoit vus, excepté dans peu de circonſtances, & il eſt alors excuſable, puiſque ce qu'il a avancé n'eſt fondé que ſur l'autorité d'autrui. Voici le titre de la derniere édition. *SYSTEMA NATURÆ per regna tria naturæ ſecundum claſſes, ordines, genera & ſpecies, cum characteribus, differentiis, ſynonymis, locis, Holm.* 1766 *I,* 1767 *II,* 1768 *III.* — *SYSTEME DE LA NATURE, contenant les trois regnes diviſés en claſſes, ordres, genres & eſpéces avec leurs caracteres, leurs différences ſpécifiques, les ſynonymes & les lieux, Stockholm* 1766*, tome I,* 1767*, tome II,* 1768*, tome III* (84).

TOME I. LE RÉGNE ANIMAL (85).

Après une histoire philofophique du regne animal en général, Linné établit les caracteres des claffes; il nous préfente d'abord la divifion des claffes d'après les différences de leur conformation intérieure. Cet arrangement avoit été en partie établi par Ariftote, & Ray en a fait un grand ufage dans l'introduction de fa *fynopsis animalium.* —— Méthode Synoptique des animaux. —— Le regne animal eft ainfi divifé en fix claffes.

DIVISION naturelle des Animaux, *d'après leur ftruéure intérieure.*

MAMMALIA.	*Mammaux.*	Vivipares.	}	Cœur.	Deux ventricules et deux oreillettes;
AVES.	*Oifeaux.*	Ovipares.		Sang.	Chaud, Rouge.
AMPHIBIA.	*Amphibies.*	Respiration à volonté.	}	Cœur. Un ventricule et une oreillette;
PISCES.	*Poissons.*	Ouies extérieures.		Sang. Froid et Rouge.
INSECTA.	*Infectes.*	Antennés	}	Cœur. Un ventricule fans oreillette.
VERMES.	*Vers.*	Tentaculés.		Liqueur Froide et Blanche;

Après cela, il donne avec plus de détails les caractères de chaque claſſe, il les tire de la ſtructure intérieure : toute la différence eſt dans les organes de la reſpiration, les poumons & les ouies ; dans les mâchoires, dans les organes de la génération & des ſenſations, dans les tégumens & dans les *fulcra*, (appuis,) tels que les jambes, les pattes, les nageoires, les ailes &c. ; notre plan ne nous permet pas d'expliquer toutes ces choſes avec plus d'étendue.

A la tête de chaque claſſe il donne une deſcription très-curieuſe & très-inſtructivé du caractere claſſique, & en même tems une explication des termes qui appartiennent à cette claſſe, & il finit par l'énumération des meilleurs auteurs qui en ont écrit.

Il établit enſuite le caractere naturel de chaque ordre. Notre plan ne nous permet pas d'en parler ici, ſur-tout pour la derniere claſſe qui renferme des genres trop nombreux ; mais j'indiquerai les caracteres génériques artificiels des quatre premieres autres claſſes, tels qu'on les trouve à la tête de chaque ordre.

CLASSE **I. MAMMALIA.** Mammaux.

Cette claſſe comprend non-ſeulement tous les

animaux que nous appellons quadrupèdes (les lézards ou reptiles à pieds exceptés), mais encore les cetacés, tels que les baleines, les cachalots, &c. Cet arrangement des cetacés avec les quadrupèdes ne ſe trouvoit pas dans les premieres éditions, & il n'avoit pas plu aux Zoologiſtes qui avoient précédé Linné. Mais il eſt ſuffiſamment juſtifié ſi l'on examine les rapports de ces animaux avec les quadrupèdes par la ſtructure du cœur, & par les organes de la reſpiration qui ſont des poumons. Ils ont comme eux des oreilles & des paupieres mobiles, ils ſont comme eux vivipares, ils ont des dents & d'autres caracteres particuliers qui les ſéparent tellement des poiſſons, qu'ils n'ont avec eux d'autre analogie que de vivre dans le même élément.

Linné diviſe les mammaux en ſept ordres. Cette diſpoſition artificielle eſt établie ſur le nombre, la forme & la ſituation des dents, inciſives, *primores*, canines, *laniarii* ou *canini*, & molaires *molares*. Linné n'a pas pour cela négligé tout-à-fait les pieds à ce qu'il paroît par la deſcription des caracteres naturels des ordres, & par ſon arrangement ſyſtématique de cette claſſe.

I. DIGITÉS.

1. DIGITÉS.

Point d'incifives.	BRUTA. 2.
Deux incifives, point de canines.	GLIRES. 4.
Quatre incifives ; une canine.	PRIMATES. I.
Incifives coniques (6.2.10.) une canine.	FERÆ 3.

2. UNGULÉS.

Incifives fupérieures & inférieures.	BELLUÆ 6.
Point d'incifivés fupérieures.	PECORA. 5.

3. SANS PIEDS.

Dents qui varient felon les différents genres.	CETE. 7.

Voici les caraſteres des ordres ; je donnerai après une énumération des genres, avec leurs caraſteres abrégés.

I. PRIMATES. Dents incifives : les quatre fupérieures paralleles, deux mamelles peſtorales.

II. BRUTA. Point d'incifives.

III. FERÆ. Ordinairement fix incifives coniques de chaque côté, à la mâchoire fupérieure ; une canine de chaque côté. Cet ordre offre des exceptions ; le Didelphe, *Didelphis*, a 17 dents ; la Souris, *Sorex*, en a 19 ; & le Hériffon, *Erinaceus*, en a 20.

IV. GLIRES. Deux incifives à chaque mâchoire fupérieure & inférieure, mais éloignées des molaires; point de canines.

V. PECORA. Point d'incifives à la mâchoire fupérieure; fix ou huit à la mâchoire inférieure. Solipedes. Mamelles inguinales.

VI. BELLUA. Incifives tronquées, folipedes.

VII. CETACÉS. Soufflets fur la tête; nageoires pectorales; queue fituée horifontalement; point de pieds.

Caracteres génériques abrégés.

1. PRIMATES.

HOMO; *l'Homme.* Quoique l'orgueil de l'homme puiffe être bleffé d'être rangé parmi les animaux, il n'en eft pas moins un animal, qui, dans le Syftême de la Nature, eft à la tête de fon ordre. Il y eft décrit ainfi que fes différentes variétés qu'on obferve dans les diverfes parties du globe, avec une méthode & une exactitude particulieres à Linné, & qu'on peut dire n'appartenir qu'à lui.

Il conduit l'homme à fe confidérer comme un être intelligent & moral, en lui appliquant ce proverbe d'un philofophe Grec, *nofce te ipfum*, (connois toi toi-même). Cette application l'éleve fuffifamment au-deffus de l'idée humiliante que pourroit lui faire naître une femblable affociation.

2. Sɪᴍɪᴀ. *Singe.* Dents canines féparées.

33 efpeces.

a. Sans queue , Singes des anciens. 3.

b. Avec une queue courte ; des paupieres. 6.

c. Avec une longue queue ; cercopitheque. 24.

3. Lᴇᴍᴜʀ. *Maki.* Quatre incifives à la mâ-choire fupérieure.

5 efpeces. Le *Mongou* , le *Vari* , le *Mococo.*

4. Vᴇsᴘᴇʀᴛɪʟɪᴏ. *Chauve-Souris* Les mains pal-mées & réunies par une membrane, fervant d'ailes.
Vampire , *Spectre* , *Oreillard* 6 efpec.

II. BRUTA.

5. Eʟᴇᴘʜᴀs. *Eléphant.* Point d'incifives ; ca-nines fupérieures al-longées ; longue trompe.

6. Tʀɪᴄʜᴇᴄᴜs. *Tricheque.* Point d'incifives ; canines fupérieu-res folitaires.
Morfe , *Lamantin.*

7. Bʀᴀᴅʏᴘᴜs. *Pareffeux.* Point d'incifives ni de canines ; molaires

F ij

de devant allon-
gées; corps velu.
Unau , Ai.

8. MYRMECOPHAGA. *Fourmiller.* Point de dents,
corps velu.

4 efpéces. *Tamanoir , Tamandua.*

9. MANIS. *Manis.* Point de dents; corps écailleux. *Pangolin , Phatagin.*

10. DASYPUS, *Tatou.* Molaires feulement ;
corps cruftacé.

6 efpeces. *Encoubert, Ca-
baffou, Cachicame, &c.*

III FERÆ.

11. PHOCA. *Phoque.* 6 canines à la mâchoire
fupérieure , 4 à la mâ-
choire inférieure.

*Lion marin , Ours marin,
Veau marin.*

12. CANIS. *Chien.* 6 incifives fupérieures &
6 inférieures, canines
recourbées.

*Chien domeftique & les va-
riétés, Renard, Hyene ,
Loup , Schacal , &c.*

13. FELIS, *Chat.* 6 incifives fupérieures , 6
inférieures; langue rude.

Lion, Tigre, Panthere, Chat domestique, Lynx, &c.

7 especes.

14. VIVERRA. *Viverre.* 6 incisives supérieures, 6 inférieures.

6 espéces.

Ichneumon, Mungo, Coati, Mondi, Civette, &c.

15. MUSTELA. *Belette.* 6 incisives supérieures, 6 inférieures, obtuses, rapprochées, deux placées intérieurement.

Loutre, Glouton, Marte, Fouine, Furet, Hermine, &c.

11 especes.

16. URSUS. *Ours.* 6 incisives supérieures, 6 inférieures, creusées en dedans.

Ours blanc, Ours noir, Blaireau, Raton.

17. DIDELPHIS. *Didelphe.* 10 incisives supérieures, 8 inférieures.

Philandre, Opossum, Phalanger, Marmose, &c.

F üj

18. **TALPA.** *Taupe.* 6 incisives supérieures, 8 inférieures.

2 especes.

La Taupe d'Europe, la Taupe dorée.

19. **SOREX.** *Souris.* 2 incisives supérieures, 4 inférieures.

La Musaraigne, la Musaraigne d'eau, &c.

20. **ERINACEUS.** *Hérisson.* 2 incisives supérieures, 4 inférieures.

Hérisson, Hérisson d'Amérique, &c.

IV. GLIRES.

21. **HYSTRIX.** *Porc - épic.* Corps couvert de piquants.

Porc-épic, Coendou, Urson.

22. **LEPUS.** *Lievre.* 2 incisives, les supérieures doubles, les inférieures moindres.

Lievre, Lapin, &c.

23. **CASTOR.** *Castor.* Incisives supérieures tronquées & creuses.

Castor, Desman, Rat musqué.

24. Mus. *Rat.* Incifives inférieures, fubulées. 21 efpeces.

> *Cochon d'inde*, *Agouti*, *Lemming*, *Marmotte*, *Rat*, *Campagnol*, *Gerboife*, &c.

25. Sciurus. *Ecureuil.* 2 incifives fupérieures cuneiformes ; inférieures comprimées. 11 efpeces.

> *Ecureuil*, *Petit gris*, *Palmifte*, *Polatouche*, &c.

26. Noctilio. *Noctule.* Incifives inférieures à deux lobes ; pattes réunies par une membrane faifant l'office d'une aile. Une feule efpece.

> *La Noctule d'Amérique.*

V. PECORA.

27. Camelus. *Chameau.* Point de cornes ; canines diftantes, 3 fupérieures, 2 inférieures.

> *Chameau*, *Dromadaire*, *Lama*, *Pacos.*

28. Moschus. *Mufc.* Point de cornes ; ca-

nines supérieures so-
litaires, sortant hors
de la bouche.

Musc, *Grimme*, *Chevrotain*.

29. CERVUS. *Cerf*. Cornes solides, ramifiées,
qui se renouvellent;
point de dents canines.
7 especes. *Giraffe*,
Cerf, *Renne*, *Daim*,
Elan, *Chevreuil*.

30. CAPRA. *Chevre*. Cornes concaves, droites; point de dents
canines.

Chèvre, *Bouquetin*,
Chamois, *Gazelle*.

31. OVIS. *Brebis*. Cornes creuses couchées
en arriere; point de
dents canines.

La *Brebis* & ses variétés.

32. BOS. *Bœuf*. Cornes creuses, tournées en
avant, point de dents
canines.

Bœuf, *Buffle*, *Bison*,
Zébu.

VI. BELLUÆ.

33. EQUUS. *Cheval*. 6 incisives supérieures,

6 inférieures.

Cheval, Ane, Zébre.

34. HIPPOPOTAMUS. *Hippopotame.* 6 incisives supérieures, 4 inférieures.

Hippopotame.

35. SUS. *Cochon.* 4 incisives supérieures, 6 inférieures.

Pecari, Cabiai, Babirouffa.

36. RHINOCEROS. *Rhinoceros.* 2 incisives supérieures, 2 inférieures ; une corne : il y en a une variété avec deux cornes, voyez le docteur Parson sur ce sujet. Phil. Transf. vol. xlii. p. 523. & lvi. p. 32. Linné penfoit qu'on pouvoit le placer parmi les *Bruta.*

VII. C E T E.

37. MONODON. *Narwal.* Deux dents à la mâchoire supérieure, très-longues, droites, & tournées en spirales.

38. **Balæna.** *Baleine.* Lames cornées, au lieu de dents, à la mâchoire supérieure.

   Baleine, Physalus.

39. **Physeter.** *Cachalot,* dents à la mâchoire inférieure.

   Cachalot, Turfio.

40. **Delphinus.** *Dauphin,* dents à chaque mâchoire.

   Marfouin, Dauphin, Epaulard.

Cette partie du fyftême en y joignant l'appendix du troifieme tome, & la *Mantiffa* de 1771, contient environ 230 efpeces; les travaux & les recherches de MM. Pennant & Martin ont porté le nombre des mammaux à 289 efpeces. (86).

Cl. II. A V E S. Oifeaux.

Linné divife les oifeaux en fix ordres, les caracteres diftinctifs font en général tirés du bec, mais dans quelque genre il a fallu recourir à la langue & aux narines, & dans quelques autres aux pattes & à d'autres parties. Voici les caracteres des ordres, j'y joindrai le caractere abrégé des genres avec le nombre des efpeces qu'ils renferment.

I. ACCIPITRES, OISEAUX DE PROIE**.** A chaque côté de la partie supérieure du bec un prolongement triangulaire.

II. PICÆ**. P**IES**.** Bec un peu comprimé sur les côtés & convexe au sommet.

III. ANSERES. PALMIPEDES**.** Bec obtus, revêtu d'une peau fine, boffu à la bafe inférieure, large à l'extrémité, denté à la bafe; pieds palmés & formés pour nager.

IV. GRALLÆ**. E**CHASSIERS**.** Bec cylindrique ou plutôt obtus; langue entiere & charnue; cuiffes nues au-deffus des genoux.

V. GALLINÆ**. G**ALLINACÉS**.** Mandibule fupérieure convexe, ou arquée & emboitant l'inférieure; narines à demi-couvertes par une forte de membrane cartilagineufe; les *rectrices* plumes de la queue au nombre de plus de douze; les pieds fendus, mais les doigts réunis par une membrane jufqu'à la premiere articulation.

VI. PASSERES. PASSEREAUX**.** Bec conique & pointu; narines ovales, ouvertes & larges.

Caractères, abrégés des genres.

I. ACCIPITRES. Oiseaux de proie.

41. VULTUR. *Vautour.* Bec courbe ; tête nue. *Condor , Roi des Vautours, Percnoptere.* 8 especes.

42. FALCO. *Aigle.* Bec courbe , & bordé d'une espece de cire. *Aigle, Faucon, Balbuzard, Orfraie,* &c. 32 especes.

43. STRIX. *Chouette.* Bec courbe. *Capistrum* chaperon, ou plumes du devant de la tête, retournées vers le bec. *Grand & petit Duc, Hibou, Hulotte, Chouette, Chat-huant, Effraie,* &c. 12 especes.

44. LANIUS. *Ecorcheur.* Bec à-peu-près droit , mandibule supérieure entaillée vers le bout à chaque extrémité, & accompagnée d'une denticule. *Piegrièche , Tyran , Ecorcheur,* &c. 26 especes.

II. PICÆ, PICS.

A. *Pieds avec trois doigts devant, & un très-allongé derriere, formés pour marcher.*

66. TROCHILUS. *Colibri.* Bec courbe, fili-forme, formant un tube à l'extrémité.

Colibri huppé, C. jaune, C. à queue fourchue, &c. 22 efpeces.

65. CERTHIA. *Grimpereau.* Bec courbe pointu.

Grimpereau de muraille, G. Olive, G. Vert, &c. 25 efpeces.

64. UPUPA. *Huppe.* Bec courbe un peu obtus.

Promerops, Huppe, 3 efpeces.

48. BUPHAGA. *Pic-bœuf.* Bec droit quadrangulaire.

Pic-bœuf. Une feule efpece.

52. ORIOLUS. *Loriot.* Bec droit, conique, pointu.

Loriot, Troupiale, Commandeur, &c. 20 efpeces.

60. Sitta. *Sitelle.* Bec droit, cuneiforme à l'extrémité, 3 especes.

51. Coracias. *Rollier.* Bec en couteau, courbe à l'extrémité.

Rollier d'Europe, R. de l'Inde, R. du Bengale, &c. 6 especes.

53 Gracula. Bec en couteau, égal & uni à la base.

Mainate, &c. 8 especes.

50. Corvus. *Corbeau.* Bec en couteau, chaperon renversé.

Corbeau, Corbine, Freux, Corneille, Choucas, Jai, &c. 19 especes.

54. Paradisæa. *Oiseau de Paradis.* Bec un peu en forme de couteau; chaperon couvert de duvet.

Oiseau de Paradis, Manucode. 3 especes.

B. *Pieds avec deux doigts devant & deux derriere, formés pour grimper.*

46. Ramphastos. *Toucan.* Bec denté, langue frangée sur le bord.

Toucan vert, T. à collier, T. à gorge jaune, &c. 8 especes.

55. Trogon. *Couroucou.* Bec denté, recourbé à l'extrémité.

Couroucou cendré , C. vert du
Bréfil , &c. 3 efpeces.

45. PSITTACUS. *Perroquet.* Bec couvert d'une
cire mobile ; langue charnue.

Perruches , Perroquets ,
Aras , &c. 47 efpeces.

49. CROTOPHAGA. *Crotophage.* Bec rude ,
mandibule fupérieure anguleufe
de chaque côté.

Crotophage de l'Amerique , C. du Bréfil, &c.
2 efpeces.

59. PICUS. *Pic.* Bec anguleux langue vermiforme.

Pic noir , P. de Virginie ,
P. varié, &c. 21 efpeces.

58. YUNX. *Yunx.* Bec liffe ; langue vermiforme.

Toreol. Une feule efpece.

57. CUCULUS. *Coucou.* Bec liffe ; narines marginées.

Coucou, Coucou des Indes ,
C. de Cayenne, &c. 22 efpec.

56. BUCCO. *Bucco.* Bec liffe, émarginé, courbe
à l'extrémité.

Le Barbu. Une feule efpece.

C. *Doigt du milieu & doigt extérieur joints ensemble dans presque toute leur longueur.*

47. BUCEROS. *Buceros.* Bec denté, garni d'une protuberance ou corne, à la base de la mandibule supérieure.

Calao, &c. 4 especes.

62. ALCEDO. *Pêcheur.* Bec triangulaire, droit.

Martin pêcheur, Martin huppé, Martin à collier, &c. 15 especes.

63. MEROPS. *Guepier.* Bec courbe, quelquefois comprimé.

Guepier, G. vert, G. des Philippines, &c. 7 especes.

61. TODOS. *Todier.* Bec linéaire, droit, & un peu abaissé.

Todier vert, Todier cendré, 2 especes, d'Amérique.

III. ANSERES. PALMIPEDES.

A. *Bec denticulé.*

67. ANAS. *Canard.* Bec garni d'une membrane

    brane denticulée, con-
    vexe & obtus ; langue
    ciliée obtuse.

*Cygne, Oie, Canard, Macreuse,
Sarcelle, Morillon, &c.* 45 especes.

68. MERGUS. *Harle.* Bec garni de denticules,
    subulé, crochu à l'ex-
    trémité.

*Harle, Harle de Virginie,
H. huppé, H. étoilé,* &c.
6 especes.

74. PHAETON. *Phaéton.* Bec en couteau.
Paille en cul, &c. 2 especes.

73. PLOTUS. *Plote.* Bec subulé.
Anhinga. Une espece.

    B. *Bec sans dents.*

78. RHYNCOPS. *Rhyncops.* Mandibule su-
    périeure beaucoup plus
    courte que l'inférieure.
*Bec en ciseau noir, Bec en
ciseau jaune.* 2 especes.

71. DIOMEDEA. *Diomedée.* Mandibule infé-
    rieure tronquée.
Albatross. 2 especes.

69. ALCA. *Alca.* Bec sillonné transversale-
ment.

Pingoin. grand P. petit
P., &c. 5 especes.

70. PROCELLARIA. *Procellaire.* Narines formées d'un cylindre tron-
qué, & tombant sur la
base du bec.

Petrel, &c. 6 especes.

72. PELECANUS. *Pelican.* Face entiérement
nue, autour de la
base du bec.

Pelican., Cormoran, Fré-
gate, Fou, &c. 8 especes.

76. LARUS. *Larus.* Bec bossu sous l'extrémité.

Mouette, M. Tridactyle,
M. Cendrée, &c. 11
especes.

77. STERNA. *Sterne.* Bec subulé, comprimé
vers le sommet.

Sterne, 7 especes.

75. COLYMBUS. *Colymb.* Bec subulé, quelquefois comprimé
sur le côté.

Guillemot, Grebe, &c.
11 especes.

IV. GRALLÆ. ECHASSIERS.

A. *4 doigts.*

79. PHÆNICOPTERUS. *Phænicoptere.* Bec courbe, comme brisé, denticulé ; pieds palmés.

Flammant.

80. PLATALEA. *Platalée.* Bec applati, large à l'extrémité.

Spatule &c. *3* efpeces.

81. PALAMEDEA. *Palamedée.* Bec aigu & crochu à l'extrémité.

Cariama &c. *2* efpeces.

82. MYCTERIA. *Myƈerie.* Mandibule inférieure épaiſſe, triangulaire & relevée.

Myƈerie Americaine, 1 efpece.

83. TANTALUS. *Tantale.* Bec arqué, gofier à poche.

Ibis d'Egypte, Guara, &c. 7 efpeces.

84. ARDEA. *Ardée.* Bec étroit, pointe aigue.

Grue, Cigogne, Héron, Crabier, &c. 26 efpeces.

89. RECURVIROSTRA. *Récurviroftre.* Bec fubu-
lé, recourbé, flexible
par la pointe.
> *Avocette.* Une efpece.

86. SCOLOPAX. *Scolopax.* Bec étroit, rond,
obtus, plus long
que la tête.
> *Courly , Becaffine , Barge ,*
&c. 18 efpeces.

89. TRINGA. *Tringa.* Bec étroit, arrondi ,
obtus, de la largeur
de la tête.

91. FULICA. *Foulque.* Bec convexe, bord de
la mandibule fupé-
rieure en fourché fur
la mandibule infé-
rieure.
> *Grande Foulqué, poule
d'eau , poule fultane,*
&c. 7 efpeces.

92. PARRA. *Parra.* Bec caronculé , caroncules lobées.
> *Jacana du Sénégal, J. de faint
Domingue ,* &c. 5 efpec.

93. RALLUS. *Rale.* Bec un peu cariné ; corps
comprimé.
> *Rale de genet , Rale d'eau ,*

Rale rayé, R. à corlier, R.
d'Amérique, &c. 10 es-
peces.

94. PSOPHIA. *Psophie.* Bec un peu arqué &
convexe ; narines
ovales.

Trompette. 1 espece.

83. CANCROMA. *Cancrome.* Mandibule supérieure très-bossue.

La cueillere. Tamatia.
2 especes.

90. HÆMATOPUS. *Hæmatopus.* Bec un peu
comprimé, cuneifor-
me à l'extrémité.

Huitrier. 1 espece.

88. CHARADRIUS. *Charadrius.* Bec étroit ,
obtus ; narines li-
néaires; pieds tridac-
tyles.

*Pluvier. P. criard , P.
d'Alexandrie. P. d'E-
gypte. P. Doré , &c.*
12 espéces.

95. OTIS. *Otis.* Mandibule supérieure convexe & arquée , langue
émarginée & bifide.

Outarde , Outarde d'Arabie ,
&c. 4 especes.

G iij

96. STRUTHIO. *Autruche.* Bec conique, ailes qui ne peuvent pas vóler.

Autruche , Casoar , &c. 3 especes.

V. GALLINÆ. GALLINACÉS.

97. DIDUS. *Didus.* Bec garni de côtes & marqué dans le milieu par deux sillons transverses ; l'une & l'autre mandibule courbe à l'extrémité; face nue.

Dronte. 1 espece.

98. PAVO. *Paon.* Tête à creïe ; bec rond.

Paon , Chinquis , &c. 3 especes.

99. MELEAGRIS. *Méléagre.* Tête couverte de caroncules.

Dindon, Yacou, &c. 3 especes.

100. CRAX. *Crax.* Toute la baze du bec revêtue de cire.

Hocos , Pauxi. 5 especes.

101. PHASIANUS. *Faisan.* Pattes , & cuisses nues.

Coq , Faisan doré , &c. 6 espéces.

103. TETRAO. *Tetras.* Membrane papilleufe, nue au-deffus des yeux.

> *Coq de bruyere, Lago-pede, Gelinotte, Fran-colin, Perdrix rouge & grife, Bartavelle, Caille,* &c. 20 efpeces.

102. NUMIDA. *Numide.* Poches caronculées, à chaque côté de la mandibule inférieure.

> *Pintade.* Une efpece.

VI. PASSERES. PASSERAUX.

A. *Bec épais.* Craffiroftres.

109. LOXIA. *Loxia.* Bec conique, ovale.

> *Bec croifé, gros bec, dur bec, Bouvreuil, Cardinal, Jacobin, Domino, Sene-gali, Verdier,* &c. 48 efpeces.

112. FRINGILLA. *Fringille.* Bec conique & aigu.

> *Pinçon, Serin, Ben-gali, Chardoneret, Linotte, Moineau.*

&c. 39 especes.

110. EMBERIZA. *Emberize.* Bec un peu conique, mandibule in-
férieure plus large,
un peu courbée &
étroite d'un côté.

Ortolan, Bruant, Zizi,
Flaveole, Veuve,
Pape. 24 especes.

B. *Mandidule supérieure courbe à l'extrémité.*
Curvirostres.

118. CAPRIMULGUS. *Caprimulgue.* Bec courbe,
déprimé, cilié à
la base; narines
tubulées.

Tette-chevre d'Eu-
rope, Tette-chevre
de la Jamaïque.
20 especes.

117. HIRUNDO. *Hirondelle.* Bec courbe, déprimé.

Hirondelle de che-
minée, H. à cul
blanc, Martinet,
&c. 12 especes.

116. PIPRA. *Manakin.* Bec courbe, subulé.

Coq de Roche, Caſſe-
noiſette.

C. *Mandibule ſupérieure émarginée , &*
échancrée vers le ſommet , bec émarginé
Emarginatiroſtres.

107. TURDUS. *Turdus.* Bec échancré, ſubulé,
comprimé à la baſe.
Litorne , Grive , Mo-
queur , G. Merle ,
Rousserolle , &c. 28.
eſpeces.

108. AMPELIS. *Ampelis.* Bec échancré, ſubulé
déprimé à la baſe.
Jaſeur , Pompadour ,
Ouette, Cottinga , &c.
7 eſpeces.

111. TANAGRA. *Tanagre.* Bec échancré , ſubulé, conique à la baſe.
Scarlatte , Tangara, Teiti,
Turquin , Syacou , &c.
24 eſpeces.

113. MUSCICAPA. *Muſcicape.* Bec échancré ,
ſubulé , baſe ciliée
& ſoyeuſe.
Moucherolle , Goba-

mouche, &c. 21 especes.

D. *Bec étroit, entier, petit, uni.* Simplici-roſtres.

116. PARUS. *Pare.* Bec ſubulé : capuchon renverſé ; langue tron-quée.

Méſange, mouſtache.

114. MOTACILLA. *Motacille.* Bec ſubulé ; langue dentelée ; griffe de derriere modérément lon-gue.

Roſſignol , Figuier , Fauvette, Lavandiere, Bergeronette, Cul-blanc, Traquet , Cherik, Tro-glodite , Roitelet , &c. 49 eſpeces.

105. ALAUDA. *Alouette.* Bec ſubulé ; langue bifide ; griffe de derriere très-lon-gue.

Alouette , Farlouſe , &c. 11 eſpeces.

106. STURNUS. *Etourneau.* Bec ſubulé, mais

plat au sommet &
marginé.

Étourneau, &c. 5 es-
peces.

104. COLOMBA. *Pigeon.* Bec un peu arqué &
convexe ; narines
bossues & à de-
mi-couvertes d'une
membrane.

Pigeons, Ramier, &c.
40 especes.

Les caracteres spécifiques des oiseaux sont
tirés d'une grande quantité de parties différentes. Dans quelques-uns , comme dans le genre
falco , la couleur de la cire , cette tunique nue
qui entourre la base du bec, & la couleur des
pattes servent à distinguer l'espece. La couleur
des oiseaux est sujette à de grandes variations,
selon les différentes contrées & selon la saison ,
ce qu'on observe plus aisément dans les pays
froids ; elle varie aussi quelquefois selon le sexe;
aussi Linné ne se fie jamais à ce caractere ,
quand il en trouve un autre plus constant;
il est cependant quelquesfois nécessaire d'en faire
usage.

La forme de la queue égale , cuneiforme ou
fourchue fournit une excellente différence. Dans

le genre *Psittacus*, Perroquet, la longueur qui excede ou n'excede pas celle du corps, eſt infiniment utile ; dans d'autres genres la couleur du bec, la tête nue ou cretée préſentent de très-bonnes diſtinctions. Et enfin, la nature a donné à d'autres des particularités qui les déterminent très-bien, telle que le réceptacle ou la mandibule inférieure dans le *Pelicanus* Pélican : les deux longues plumes de la queue dans le Phaéton : la direction des mandibules dans le *Loxia*, Gros bec ; une des meilleures différences eſt encore celle que l'on tire de la couleur des plumes de la queue.

Cette claſſe comprend 930 individus. (87)

Cl. III. AMPHIBIA. Amphibies.

Linné nomme ainſi cette claſſe non pas préciſément parce que les animaux qu'elle renferme, peuvent également vivre dans l'air & dans l'eau, mais à cauſe de la faculté qu'ils ont de ſuſpendre, ou de continuer à volonté les fonctions de la reſpiration.

Cette claſſe ſe diviſe en quatre ordres.

I. REPTILES. Reptiles. Animaux amphibies, reſpirant par la bouche, au moyen de poumons & ayant 4 pieds.

II. SERPENTES. Serpents. Animaux amphibies respirants par la bouche au moyen des poumons seulement. Sans pied, sans nâgeoires, sans oreilles.

III. MEANTES. GLISSEURS. Animaux amphibies respirants au moyen d'ouies & de poumons, & ayans des pattes de devant & des griffes.

IV. NANTES. NAGEURS. Animaux amphibies respirants à volonté, au moyen d'ouies & de poumons. Rayons des nageoires cartilagineux.

Caractères abrégés des genres.

I. REPTILES. REPTILES.

119. TESTUDO. *Tortue.* Corps couvert d'une écaille.

Tortue coriace, T. orbiculaire, T. d'Afrique, &c. 15 espèces.

121. DRACO. *Dragon.* Corps ailé.

Dragon volant. 2 espèces.

122. LACERTA. *Lézard.* Corps nud ayant une queue.

A. Queue comprimée.

Crocodille, Lézard-fouetteur, L. à écusson, &c.

B. Queue verticillée.

Cordyle, Stellio, Lézard de Mauritanie, &c.

C.   Queue embriquée, plus courte que le corps.

> *Chaméléon, Gecko, Schinque.*

D.   Queue ronde, embriquée , plus courte que le corps.

> *Basilic , Iguan , Agama , &c.*

E.   Corps écailleux nud, 4 doigts aux pattes de devant. –

> *Lezard commun, L. Aquatique , Salamandre , &c. 49 especes.*

120. RANA. *Crapaud.* Corps nud, sans queue.

> *Crapauds, Grenouilles.*
> 17 especes, (88).

I I. SERPENTES. SERPENTS.

123. CROTALUS. *Sonneur.* Corps & queue garnis en dessous de petites écailles ; queue terminée, par une sonnette de corne.

> *Serpent sonnette, Dryinus , Durissus. 5 especes.*

124. BOA. *Boa.* Corps & queue garnis en dessous de petites écailles ; point de sonnette.

> *Javelot, Constrictor, Scytale , Ophrias, Enhydre, Cenchria , &c. 19 especes.*

125. COLUBER. *Vipere.* Corps garni en def-
sous de petits écuf-
fons ; queue enve-
loppée d'écailles.

*Vipere d'Egypte , V. Atro-
pos , Leberis , Afpic ,
Couleuvre , &c. 97 efpec.*

126. ANGUIS. *Anguis.* Corps & queue ayant
seulement des écailles.

Meleagre, Cerafte. &c. 16 efpec.

127. AMPHISBÆNA. *Amphisbene.* Corps &
queue compofée d'an-
neaux.

A. Fuligineufe blanche. 2 efpeces.

118. CÆCILIA. *Cæcilie.* Corps & queue fil-
lonnés , point d'é-
cailles, levre infé-
rieure garnie d'an-
neaux.

*C. tentaculée , C. glutineufe , 2
efpeces. (89).*

III. MEANTES. GLISSEURS. (89*)

SIREN. *Sirene.* Corps bipede & ayant une queue.

IV. NANTES NAGEURS.

A. Plufieurs trous & branchies de chaque côté.

129. PETROMYZON. *Lamproie.* Plufieurs ouver-

tures branchiales de chaque côté du col.

Lamproie, Lamprillon, &c. 3 efpeces.

130. RAJA. *Raie.* Cinq ouvertures branchiales, de chaque côté fous le col.

Torpille, Raie, Paftenaque, &c. 9 efpeces.

131. SQUALUS. *Squale.* Cinq ouvertures branchiales aux deux côtés du col.

Chien de mer, Ange, Marteau, Rouffette, Requin, &c. 15 efpeces.

132. CHIMÆRA. *Chimere.* Une feule ouverture branchiale divifée en 4.

Renard de mer, Callirynche, 2 efpeces.

B. *Une Seule ouverture branchiale de chaque côté.*

133. LOPHIUS. *Lophius.* Deux nageoires ventrales, point de dents.

Hiftrion, &c. 3 efpeces.

134. ACCIPENSER. *Accipenfer.* Deux nageoires ventrales,

ventrales, point
de dents.

Eſturgeon , Caviar , &c. 3 eſpeces.

139. CYCLOPTERUS. *Cycloptere.* Deux nageoi‐
res ventrales réu‐
nies en rond.

Cycloptere , Liparis , &c.
3 eſpeces.

135. BALISTES. *Baliſte.* Une feule nageoire
ventrale ; abdomen
cariné ; tête termi‐
née en un bec très‐
allongé.

Cuiraſſé , &c. 2 eſpeces.

136. OSTRACION. *Oſtracion.* Point de nageoi‐
res ventrales ; corps
couvert d'une fubſ‐
tance offeuſe.

Coffres , &c. 9 eſpeces.

137. TETRODON. *Tetrodon.* Point de nageoi‐
res ventrales ; abdomen
couvert d'afpérités.

Lagocephale , &c. 7 eſpeces.

138. DIODON. *Diodon.* Point de nageoires
ventrales ; abdomen garni
d'épines aigues & mobiles.

Diodon , &c. 2 eſpeces.

H

140. CENTRISCUS. *Centrisque.* Nageoires ventrales réunies ; une
longue épine mobile
fur le dos, près de la
queue.

Centrisque cuiraſſé, &c. 2 eſpeces.

141. SYNGNATUS. *Syngnate.* Point de nageoires ventrales ; corps
articulé.

Typhe, *Trompette*, *Hippo-
campe*, 7 eſpeces.

142. PEGASUS. *Pegaſe.* Deux nageoires ventrales ; mandibule
ou bec ſupérieur,
denticulé ou cilié.

Pegaſe, *Dragon volant*, &c.
3 eſpeces.

Cette partie du Syſtême contient environ 290
individus, (90).

Dans l'ordre *REPTILIA*, *reptiles*, le caractere
ſpécifique du genre *Teſtudo*, Tortue, eſt tiré
principalement des différences de l'écaille &
des pieds, qui dans les Tortues ſont en nageoires, & dans les Tortoiſes digitées. Dans le
genre *Lacerta*, Lezard, la queue, la tête & les
doigts, fourniſſent les caracteres, & dans le
genre *Rana*, Grenouille, c'eſt la forme & le

nombre des doigts des pieds de devant ou de derriere.

Dans l'ordre *SERPENTES* ferpents, les diffé- rences fpécifiques ont caufé beaucoup de diffi- cultés aux naturaliftes. Ils les tirent ordinairement de la couleur, qui eft fujette à tant de varia- tion. Il en eft arrivé que Seba, en ne faifant attention qu'à la couleur, a, felon Linné, figuré le *Boa Conftrictor*, dix fois comme des efpe- ces différentes, & le *Coluber Naga*, ou vipere à capuchon, quatorze fois. Linné découvrit enfin un caractere plus certain & plus conftant fur lequel feulement il a établi fes différences fpé- cifiques. Il en donna pour la premiere fois l'exem- ple, dans fes *Amphibia Gyllenborgiana* (91), —— Amphibies du comte de Gyllenborg, —— & il l'a confervé depuis dans tous fes autres écrits. Ce caractere confifte dans le nombre des petits écuffons & des écailles, ou anneaux & fillons du ventre & de la queue, & dans leur propor- tion. Par exemple, dans la vipere commune, les écuffons du ventre font ordinairement à- peu-près au nombre de 146, & les écailles de la queue, au-deffous de l'anus, de 30 à 40.

Dans les NANTES, Nageurs, les caracteres fpécifiques font courts ; mais ils varient felon les différents genres. Dans le *Petromyzon*, la Lamproie, *Raia*, la Raie, ils font pris de la

bouche, des nageoires & des dents, &c. &
dans cette derniere , le meilleur caractere fe
tire de tout l'enfemble du corps. Dans le
Squalus , chien de mer , d'une infinité de particularités. Dans l'*Accipenfer* , des barbes &
des écailles dorfales. Dans le *Baliftes* , des nageoires & de la queue. Dans l'*Oftracion* , des
différents angles du corps. Dans les autres genres , de la forme du corps & des nageoires.

Cl. IV. PISCES. Poissons.

Dans la premiere édition du *Syftema Naturæ* , Linné avoit adopté pour les poiffons, la
méthode d'Artedi , fon ami & fon compagnon
d'études , dont il avoit publié l'Ichtyologie en
1738 , pendant fon féjour en Hollande.

Cette méthode , qui comprenoit les *Cetacea*,
Cetacés , à préfent claffés parmi les Mammaux ,
Mammalia , & les Amphibies , *Amphibia* , actuellement rangés parmi les Nageurs , *Nantes* ,
étoit établie fur la ftructure , ou plutôt la fituation de la queue dans les Cetacés , & dans les
autres , fur la différence des ouies & des rayons,
offeux ou cartilagineux des nageoires.

Dans les deux dernieres éditions , Linné
effaya une autre méthode. Après avoir reporté

les Cetacés , *Cetacea* parmi les Mammaux , *Mammalia* , & les *Chondropterygii* , ou poiſſons cartilagineux , & les *Branchioſtegi* parmi les *Nantes* , Nageurs ; il forma quatre ordres de poiſſons oſſeux , qui ne reſpirent que par des ouies. Il tire ces ordres de la ſituation des nageoires ventrales , qu'il conſidere d'après leur analogie avec les pieds des animaux , ſelon qu'elles ſont placées deſſous, devant, ou derriere les nageoires pectorales , un ſeul ordre eſt privé de nageoires ventrales , ce qui conſtitue ſon caractere.

I. APODES. Apodes. Poiſſons privés de nageoires ventrales.

II. JUGULARES. Jugulaires. Poiſſons qui ont les nageoires ventrales , placées devant les pectorales.

III. THORACICI. Thoraciques. Poiſſons qui ont les nageoires ventrales placées ſous les pectorales.

IV. ABDOMINALES. Abdominaux. Poiſſons qui ont les nageoires ventrales placées ſous l'abdomen, derriere les nageoires pectorales.

Caractères abrégés des genres.

143. MURÆNA. *Murene.* Ouverture des ouies, placée derriere les nageoires pectorales.

> *Murene, Ophys, Anguille, Myrus, Congre,* &c. 7 especes.

144. GYMNOTUS. *Gymnote.* Dos sans nageoires.

> *Gymnote, Gymnote électrique,* &c. 5 especes.

145. TRICHIURUS. *Trichiure.* Queue subulée, sans nageoire.

> *paille en cul.* Une espece.

147. AMMODITES. *Lançon.* Tête beaucoup plus mince que le corps.

146. ANARCHICAS. *Anarchicas.* Dents incisives arrondies.

> *Loup de mer.* On le trouve souvent fossile sous le nom de Bufonites.

148. OPHIDIUM. Corps ensiforme.

> *Donzelles.* 2 especes.

149. STROMATEUS. Corps ovale.

> *Paru,* &c. 2 especes.

150. XIPHIAS. *Espadon.* Mâchoire supérieure

terminée en un bec
enſiforme. 1 eſpece.

II. JUGULARES. JUGULAIRES.

151. CALLIONYMUS. *Callionyme.* Ouvertures
branchiales aux côtés
du thorax.
Lyre. 3 eſpeces.

152. URANOSCOPUS. *Uranoſcope.* Bouche plate.
1 eſpece.

153. TRACHINUS. *Trachinus.* Anus près de la
poitrine.
Vive. 1 eſpece.

154. GADUS. *Gadus.* Nageoires peƈtorales, min-
ces & terminées en pointe.
a. Trois nageoires dorſales ; mâchoire barbue.
Aigrefin , Cabeliau , Mo-
rue , Capelan , &c.
b. Trois nageoires dorſales ;
mâchoires ſans barbe.
Merlan , &c.
c. Deux nageoires dorſales.
Merluche , &c.
d. Une nageoire dorſale.
Morue à trois barbes. 17 eſpec.

155. BLENNIUS. *Blennius.* Nageoires ventrales

didactyles, & fans épines.

Coquillarde, &c. 13 efpeces.

III. THORACICI Thoraciques.

156. CEPOLA. *Cepole.* Corps enfiforme.

Flamme, &c. 2 efpeces.

157. ECHENEIS. *Echeneis.* Sommet de la tête plat, marginé, & fillonné tranfverfalement.

Remora, &c. 2 efpeces.

158. CORYPHÆNA. *Coryphæne.* Partie antérieure de la tête obtufe & tronquée, dauphin des matelots.

Lampurge, &c. C. Perroquet, &c. 12 efpeces.

159. GOBIUS. *Goujon.* Nageoires ventrales unies en une nageoire ovale.

Goujon, &c. 8 efpeces.

160. COTTUS. *Cottus.* Tête plus large que le corps.

Chabot. &c. 6 efpeces.

161. SCORPÆNA. *Racaffe.* Têtę fans épines ni barbes.

3 efpeces.

162. ZEUS. *Gal.* Levre fupérieure enfourchée par une membrane tranf-verfe.

4 efpeces.

163. PLEURONECTES. *Pleuronecte.* Deux dents du même côté de la tête.

a. Yeux à droite.

Carrelet , Plie , Li-mande , Sole , &c.

b. Yeux à gauche.

Turbot , Barbue , &c.

17 efpeces.

164. CHÆTODON. *Echarpe.* Dents fines nom-breufes & flexi-bles.

23 efpeces.

165. SPARUS. *Spare.* Dents fortes, incifives & aigues, molaires fer-rées & obtufes.

					Spare, *Dorade*, *Sargo*,
					Orphe, &c. 26 especes.

166. LABRUS. *Scare.* Membrane de la na-
					geoire dorfale s'éten-
					dant au-delà de l'extré-
					mité de chaque rayon,
					en forme de filamens.

					Scarre, *Anthias*, *Melops*,
					&c. 41 especes.

167. SCIÆNA. *Sciæne.* Une rainure en-deffus
					pour recevoir les Na-
					geoires dorfales.

					Umbra, &c. 5 especes.

168. PERCA. *Perche.* Opercule des ouies, den-
					telée.

					Perche, *Apron*, &c. 36 efpec.

169. GASTEROSTEUS. *Epinoche.* Corps cariné
					de chaque côté
					de la queue; Epi-
					nes fur le dos
					diftinguées des na-
					geoires.

					Epinoche, *Spinarelle*,
					&c. 11 especes.

170. SCOMBER. *Maquereau.* Corps cariné de
					chaque côté vers la
					queue. Fauffes nageoi-

res près de la queue,
dans beaucoup d'efpec.
*Maquereau , Bonite ,
Thon , &c.* 10 efpeces.

171. MULLUS. *Surmullet.* Tête & corps couverts de larges écail-
les non perfiftentes.
Rouget, Surmullet, &c.
10 efpeces.

172. TRIGLA. *Trigla.* Différents appendices
diftincts aux nageoires
pectorales.
Grondin, poiffon volant , &c.
9 efpeces.

IV. ABDOMINALES. ABDOMINAUX.

173. COBITIS. *Loche.* Corps étroit vers la
queue.
5 efpeces.

174. AMIA. *Amie.* Tête dure, offeufe & nue.
1 efpece.

175. SILURUS. *Silure.* Premier rayon des nageoires dorfales & ven-
trales denté.
Silure , Glaris, &c. 21
efpeces.

176. TEUTHIS. *Teuthis.* Tête antérieurement

plate & comme tron-
quée.

2 efpeces.

177. LORICARIA. *Cuiraffier.* Tête revêtue d'une
croute écailleufe
garnie de pointes.

2 efpeces.

178. SALMO. *Saumon.* Nageoire poftérieure,
graiffeufe & fans rayon.

a. Truites. Corps bigarré,
dents vifibles.

*Saumon, Truite de riviere,
Truite faumonée,* &c.

b. Nageoires dorfales & ventrales oppofées.

Eperlan, &c.

c. Dents à peine vifibles.

Lavaret, Albula, Vimba, &c.

d. 4 Rayons branchioftéges
feulement.

29 efpeces.

179. FISTULARIA. *Fiftulaire.* Bec long & cylindrique, bouche
à fon extrémité.

2 efpeces.

180. ESOX. *Efox.* Mâchoire inférieure plus
longue, ponctuée.

Aiguille , Brochet , &c. 9 especes.

181. ELOPS. *Elops.* Membrane branchiostege double , une antérieure , petite, de 5 rayons.

Saurus. 1 espece.

182. ARGENTINA. *Argentine.* Anus près de la queue.

2 especes.

183. ANTHERINA. *Antherine.* Ligne latérale argentée.

2 especes.

184. MUGIL. *Mugil.* Mâchoire inférieure carinée en-dessous.

2 especes.

185. EXOCETUS. *Exocete.* Nageoire pectorale presque de la longueur du corps.

2 especes.

186. POLYNEMUS. *Polycneme.* Appendices distincts aux nageoires pectorales. 2 especes.

187. MORMYRUS. *Mormyre.* Ouverture branchiale lineaire & sans opercule.

2 especes.

188. **Clupea.** *Harreng.* Abdomen cariné, denté.

> *Harreng , Anchois , Sardine ,* &c. 11 especes.

189. **Cyprinus.** *Carpe.* Trois rayons branchiosteges.

> a. Mâchoire barbue ou ciliée.
> *Barbeau , Carpe , Tenche.*
>
> b. Nageoires de la queue entieres.
> *Meunier.*
>
> c. Nageoires de la queue trifide.
> *Poiſſon doré.*
>
> d. Nageoire de la queue bifide.
> *Dobule, Roſe , Haſe , Brême , Ablette ,* &c. 31 especes.

La claſſe des Poiſſons contient environ 400 especes, mais les dernieres découvertes faites par Forskäl, en Arabie, & par d'autres naturaliſtes l'ont beaucoup augmentée.

Artedi, Gronovius & Linné ſe ſont donnés une peine infinie pour diſtinguer les poiſſons par le nombre des rayons des nageoires. Et quoique d'après plusieurs observations, ces caracteres se soient trouvés fort constans, cependant ils varient trop dans quelques especes pour devenir une différence suffisante.

A présent dans le système de Linné, on établit les différences sur plusieurs caractères, parmi lesquels le nombre des rayons des nageoires est le plus généralement adopté, & on l'ajoute presque toujours, quoiqu'on y joigne un autre caractere tiré de la forme de la queue ; des barbes de la bouche ; de la longueur des mâchoires ; des tâches & des lignes du corps, &c. &c. (92)

Cl. V. INSECTA. Insectes. (*)

Aucune partie du système n'a éprouvé un aussi grand changement que cette classe, & rien n'a mis davantage notre auteur au-dessus

---

(*) M. le Docteur Pulteney, après avoir donné l'extrait du Système de Linné, pour les mammaux, les oiseaux, les amphibies et les poissons, ne dit qu'un mot des insectes, des vers et des coquilles. Comme l'Entomologie et la Chonchyliologie, font aujourd'hui fort à la mode, j'ai cru devoir ajouter tout ce qui suit, pour offrir une idée de la méthode de Linné, relativement à ces belles parties de l'Histoire Naturelle.

de tous ſes rivaux, que l'arrangement admirable qu'il a donné à cette partie de l'Hiſtoire
Naturelle.

Cette claſſe comprend 87 genres diſpoſés en
ſept ordres établis ſur les différences que préſentent la toiture & le nombre des ailes. Voici
le Tableau des ordres (93).

4 Ailes.	Supérieures,	Crustacées, ſuture droite.	COLEOPTERES	1
		Semi-crustacées, couchées.	HEMIPTERES	2
	Toutes.	Membraneuses , écaillées embriquées.	LEPIDOPTERES	3
	Anus,	Sans armes.	NEVROPTERES	4
		Armé d'un aiguillon.	HYMÉNOPTERES	5
2 Ailes.	Balanciers en place d'ailes poſtérieures.		DIPTERES	6
Point d'ailes, ni d'élytres.			APTERES	7

Ordre I. COLEOPTERA. COLEOPTERES.

Inſectes ayant des ailes couvertes de deux
étuis cruſtacés diviſés par une ſuture longitudinale. Cet ordre eſt le plus nombreux , il
contient environ 900 eſpeces, pour 30 genres

à

A. *Antennes en masses, plus grosses extérieurement.*

189. SCARABÆUS. *Scarabé.* Antennes, masse fissile. Pattes.

    a. Thorax, cornu.
    Hercule, Actéon, Gedeon, Phalangiste, &c.

    b. Thorax sans armes; tête cornue.
    Mimas, Nuchicorne, Fimetier. &c.

    c. Thorax & tête sans armes.
    Pilulaire, Stercoraire, Hanneton, Foulon, Emeraudine, &c. 87 especes.

190. LUCANUS. *Lucan.* Antennes à masse comprimée, côte extérieure plus large & fissile ; mâchoires longues, dentées.
    Cerf volant, Bichette, &c. 7 especes.

191. DERMESTES. *Dermeste.* Antenne à masse perfoliée; tête cachée sous le Tho-

I

rax qui eſt à peine
marginé.

*Lardier, Pelletier, En-
fumé, Typographe,*
&c. 30 eſpeces.

193. HISTER. *Hiſter.* Antennes à maſſe ſolide;
tête retractyle ſous le
Thorax.

H. Pygmée, H. Bimacule, &c. 6
eſpeces.

195. BYRRHUS. *Byrrhus.* Antennes à maſſe ſolide, ovale, compri-
mée.

*B. De la Scrophulaire, Pi-
lule,* &c. 5 eſpeces.

194. GYRINUS. *Tourniquet.* Antennes en maſſe
raboteuſes, plus
courtes que la tête;
quatre yeux.

T. Nageur, Américain, 2
eſpeces.

203. ATTELABUS. *Attelabe.* Tête atténuée poſ-
térieurement; An-
tennes plus groſſes
vers le ſommet.

*Tête écorchée, Clai-
ron,* &c. 13 eſpeces.

202. **CURCULIO.** *Charanson.* Antennes placées sur une trompe cornée.

    a. Trompe allongée , Cuisses simples.
        Palmiste , Charanson du grain , &c.

    b. Trompe longue ; cuisses postérieures grosses , formées pour sauter.
        Anchorago , Charanson des noix , de la Scrophulaire , &c.

    c. Trompe courte ; cuisses dentées.
        Charanson royal , incane. &c. 95. éspeces.

196. **SILPHA.** *Silpha.* Thorax & Elytres marginés.
    Sylphe , Vespillo , &c. 35 especes.

198. **COCCINELLA.** *Coccinelle.* Antennes à masse obtuse ; Antennulles à masse tronquée.

Coccinelle, à 2, 7, 8,
14, 20 points, 2, 4,
6 pustules, &c. 49
especes.

B. *Antennes filiformes.*

201. BRUCHUS. *Bruchus.* Antennes filiformes,
plus grosses extérieu-
rement.

Bruchus des pois, du Ca-
caotier , Pectinicorne ,
&c. 7 especes.

197. CASSIDA. *Casside.* Corps ovale ; Elytres
marginées ; tête cou-
verte d'un bouclier.

Casside verte , nebuleuse ,
punctuée, &c. 31 especes.

192. PTINUS. *Ptinus.* Thorax recevant la tête.
Les derniers articles des
Antennes plus longs que
les autres.

Ptinus pectinicorne , impé-
rial , &c. 6 especes.

199. CHRYSOMELES. *Chrysomele.* Corps point
marginé, An-
tennes moni-
liformes.

a.   Corps ovale.

    Chryfomele de la Tanaifie, de l'Aulne, du Cerifier, &c.

b.   Sauteufes, cuiffes de derriere plus groffes.

Ch.   *Erythrocephale, Hæmifpherique, &c.*

c.   Corps cylindrique,

Ch.   *Bi punctuée, quadri-puftulée, &c.*

d.   Corps oblong, Thorax étroit.

Ch.   *Du Lys, de la Nymphæa, de l'Afperge,*

e.   Allongée.

Ch.   *Souffrée, Pubefcente, &c.* 122 efpeces.

200. HISPA. *Hifpe.* Antennes fufiformes, placées entre les yeux. *Hifpe noire, Teftacée. &c.* 4 efpeces.

215. MELOÉ. *Meloé.* Antennes moniliformes, dernier article ovale. *Profcarabé, Cantharide des boutiques, &c.* 16 efpeces.

214. TENEBRIO. *Tenebrion.* Antennes monili-

formes , dernier
article un peu
rond.

Ten. Géant , de la farine ,
&c. 33 efpeces.

207. LAMPYRIS. *Lampyris.* Elytres flexibles.
côtés de l'Abdo-
men papilleux.

Ver-luifant , &c. 18 efpeces.

215. MORDELLA. *Mordelle.* Antennes filiformes,
dentées ; Anten-
nulles en maffe com-
primée , oblique-
ment tronquée ;
Lames à la bafe de
l'Abdomen ; tête in-
fléchie,

Mordelle à aiguillon , &c.
6 efpeces.

217. STAPHYLINUS. *Staphylin.* Demi - elytres
couvrant les ailes.
Queue fimple dont
il fort deux véficu-
les oblongues.

*Staph. Bourdon, Ery-
throptere , Gris de fou-
ris ,* &c. 26 efpeces.

C. *Antennes sétacées.*

204. CERAMBYX. *Cerambyx.* Côté du Thorax calleux & mucroné.

Grand Capricorne, *Cerambyx* à odeur de rose, *Rosalie*, &c.

205. LEPTURA. *Lepture.* Elytres attenués par le bout ; Thorax étroit.

Lepture Belier, Lepture à croissant doré, &c. 25 especes.

208. CANTHARIS. *Cantharide.* Elytres flexibles, Abdomen papilleux fur les côtés.

Canth. Livide. C. Pectinée, C. Melanure, &c. 27 especes.

209. ELATER. *Taupin.* Sautant au moyen d'une pointe de la poitrine, enfoncée dans une rainure de l'Abdomen.

Taupin noir, T. brun, T. gris de souris, &c. 32 especes.

I iv

210. CICINDELA. *Cicindele.* Mâchoires proéminentes, dentées; yeux proéminents.

Cicindelle aquatique.
C. germanique, &c.
14 especes.

211. BUPRESTIS. *Bupreste.* Tête retirée dans le Thorax.

Bupreste Géant, &c. 29 especes.

212. DYTISCUS. *Dytique.* Pieds de derriere nageurs & ciliés.

D. Demi strié, D. sillonné, &c. 23 especes.

213. CARABUS. *Carabé.* Thorax en cœur, tronqué postérieurement.

Carabé Sycophante, doré, Livide, &c. 43 especes.

206. NECYDALIS, *Necydale.* Demi-élytres; ailes nues.

Necydale majeure, N. mineure, &c. 11 especes.

218. FORFICULA. *Forficule.* Demi-élytres; ailes couvertes; queue fourchue.

Perce oreille , &c. **2**
especes (94).

Ordre II HEMIPTERA. HEMIPTERES.

Insectes demi-ailés , les étuis sont demi-crus-
tacés , & ne sont pas partagés par une su-
ture droite, mais couchés de chaque côté ;
cet ordre contient environ 350 especes, sous
12 genres.

219. BLATTA. *Blatte.* Bouche armée de mâchoires, ailes coriaces ;
planes ; pieds curseurs.
Blatte de cuisine , Kaker-
laque , &c. 10 especes.

220. MANTIS. *Mante.* Bouche armée de mâchoires, pattes antérieu-
res dentées, avec un seul
ongle.
Mante Religieuse , Payenne ,
&c. 14 especes.

221. GRYLLUS. *Criquet.* Bouche armée de
mâchoires ; pattes
de derriere sau-
teuses.
Courtiliere , Grillons ,

Sauterelles, &c. 61 especes.

222. FULGORA. *Fulgore.* Trompe infléchie ; antennes sous les yeux.

Porte lanterne, Porte chandelle, &c. 9 especes.

223. CICADA. *Cigale.* Trompe infléchie ; pattes postérieures sauteuses.

Cigale cornue, Fasciée, Pro-cigales, &c. 51 especes.

224. NOTONECTA. *Notonecte.* Trompe infléchie ; pattes postérieures-nageuses, (ciliées.)

Notonecte à aviron, &c. 3 especes.

225. NEPA. *Nepe.* Trompe infléchie ; pattes antérieures en forme de pinces.

Nepe cendrée, lineaire, &c. 7 especes.

326. CIMEX. *Punaise.* Trompe infléchie ; pieds curseurs.

Punaise de bois, P. de lit, P. Siamoise, &c. 121 espec.

227. APHIS. *Aphis.* Trompe infléchie; Abdomen bicornu.

> *Aphis de la Rose, du sureau*, &c. 33 efpeces.

228. CHERMES. *Chermes.* Trompe pectorale; pattes postérieures sauteuses.

> *Ch. du Cerafte, Ch. du Poirier*, &c. 17 efpeces.

229. COCCUS. *Coccus.* Trompe pectorale. Les mâles ont l'abdomen foyeux.

> *Cochenille*, &c. 22 efpeces.

230. THRIPS. *Thrips.* Trompe à peine visible, Abdomen réfléchi.

> 5 efpeces.

III. LEPIDOPTERES. LEPIDOPTERES.

Insectes à 4 ailes embriquées, couvertes de petites écailles ou plumes fines, langue en spirale, corps velu. Cet ordre ne contient que trois genres. Mais les efpeces sont très-nombreuses, elles passent 800. Cette tribu d'infectes est belle & curieuse, les Entomologistes en ont considérablement augmenté le nombre.

231. PAPILIO. *Papilion.* Antennes en maſſes,
ailes élevées.

Comme ce genre eſt extrêmement nombreux,
Linné l'a partagé en 6 phalanges qui compor-
tent encore des diviſions. (95)

A. EQUITES. *Chevaliers.* Ailes antérieures
plus longues de l'angle
poſtérieur au ſommet,
que de cet angle à la
baſe. Cette phalange a
ſouvent les Antennes
filiformes.

a. TROES. *Troyens.* Souvent
noirs, tache de ſang
ſur la poitrine.
*Priam, Enée, Troi-
lus, Polydore* ; &c.

b. ACHIVI. *Grecs.* Poitrine
ſans taches de ſang,
un œil à l'angle de
l'anus.

a. *Ailes* ſans raies.
*Menelas, Uliſſe, Aga-
memnon,* &c.

b. Ailes avec des raies.
*Podalire, Machaon,
Leitus,* &c.

B. HELICONII. *Heliconiens.* Ailes étroites,

entieres, souvent nues, antérieures oblongues, posté-rieures très-cour-tes.

Apollon, Clio, Thalie, Euterpe, Erato, &c.

C. DANAI *.Danaï.* Ailes très-entieres.

   A. CANDIDI. *Blancs.* Ailes blanches.

      Brassicaires, &c.

   B. FESTIVI. *Joyeux.* Ailes bigarrées.

      Midame; Xanthus; &c.

D. NYMPHALES. *Nymphales.* Ailes den-ticulées.

   A. GEMMATI. *Gemmés.* Ailes œuillées.

    a. Yeux sur toutes les ailes. *Io, Asterie, Orithie,* &c.

    b. Yeux sur les ailes antérieures seulement. *Fidia, Briséis, Fe-ronia,* &c.

    c. Yeux sur les ailes pos-térieures.

Lampetie , Pipleis ,
&c.

B. PHALERATI. *Caparaçonnés.*
Ailes aveugles, fans
yeux.

Antiope , Atalante ,
&c.

E. PLEBEI. *Plébéïens.* Larve fouvent contractée.

A. RURALES. *Payfans.* Taches obfcures fur les
ailes.

Argus , Pamphile ,
Arcanius , Phlæas
&c.

B. URBICOLÆ. *Citadins.* Taches ordinairement
brillantes , fur les
ailes.

Commà Phidias ,
Cœnée , &c. 273
efpeces.

232. SPHYNX. *Sphynx.* Antennes plus groffes
dans le milieu , un
peu prifmatiques.

Sp. tête de mort, Sp. du
Tythimale , Sp. du Ne-
rium , &c. 47 efpeces.

233. PHALÆNA. *Phalène.* Antennes plus groffes
à la bafe.

Linné a divisé cette classe nombreuse en 8 phalanges.

A. ATTACI. *Attaci.* Ailes grandes, inclinées.

    A. PECTINICORNES. Antennes en peigne; langue en spirale. *Atlas, Paphia,* &c.

    B. SETICORNES. Antennes soyeuses; langue en spirale; *crepusculaire, mondaine,* &c.

B. BOMBYCES. *Bombyces.* Ailes incumbentes; Antennes pectinées.

    A. ELINGUES. Sans langue apparente.

    a. Ailes relevées. *Catax, Vinula, Bucephale,* &c.

    b. Ailes réfléchies. *Phal. du saule, Dispar* &c.

    B. SPIRILINGUES. Langue en spirale.

    a. dos lisse. *Ph. Lubricipede, Ph. Aulique,* &c.

    b. Dos surmonté d'une crète. *Ph. Capucine. Ph. Oo.* &c.

C. NOCTUÆ. *Hiboux.* Ailes incumbentes; Antennes sétacées.

A. ELINGUES. Sans langue.
Strix, Hecta, &c.

B. SPIRILINGUES. Langue en spirale.
Ph. Lectrix, Hera, &c.

D. GEOMETRÆ. Géometres. Ailes ouvertes, horizontales, posées.

A. PECTINICORNES. Antennes en peigne, où les postérieures un peu anguleuses.
Ph. punctuaria, Amataria, &c.

B. LETICORNES. Antennes setacées; ailes arrondies.
Ph. du Groseiller, &c.

E. TORTRICES. Tortrices. Ailes très-obtuses & presque émoussées; bord antérieur courbe.
Prasiana, Viridana, &c.

F. PYRALIDES. Pyralides. Ailes conniventes, enfourchées de maniere à former un déltoide.
Purpuralis, Verticalis, &c.

G. TINEÆ. Teignes. Ailes presque roulées en cylindre,

cylindre, crète ſur le front.

T. Gramella , Pratella , &c.

H. ALUCITÆ. *Alucites.* Ailes digitées, fendues juſqu'à la baſe.

Pterophores, &c. 460 eſpeces.

IV. NEUROPTERA. Neuropteres.

Inſectes à quatre ailes nues, tranſparentes, reticulées ; queue avec des ſoies dans pluſieurs eſpeces ; environ 70 eſpeces ſous 7 genres.

234. LIBELLULA. *Demoiſelle.* Queue fourchue; ailes étendues ; bouche armée de pluſieurs mâchoires.

Louiſe, Ulrique, Julie, &c. 21 eſpeces.

235. EPHEMERA. *Ephemere.* Bouche édentée ; deux ou trois ſoies à la queue, ailes droites.

Ephem. commune, Eph. jaune, &c. 11 eſpec.

238. MYRMELEON. *Fourmilion.* Queue fourchue ; bouche

K

à deux dents; ailes défléchies.

Libelluloide , Longicorne , &c. 5 especes.

239. PANORPA. *Panorpe.* Queue armée de pinces ; bouche armée d'une trompe; ailes incumbentes.

P. commune , &c. 4 especes.

236. PHRYGANEA. *Phrigane.* Queue simple ; bouche sans dents; ailes défléchies.

Ph. à deux queues , reticulée , &c. 24 especes.

237. HEMEROBIUS. *Hemerobe.* Queue simple; bouche à deux dents. Ailes défléchies.

Perle aquatique , &c. 15 especes.

240. RAPHIDIA. *Raphidie.* Queue à un filet; bouche à 2 dents; Ailes défléchies.

Mantispa , &c. 3 especes.

V. HYMENOPTERES. Hymenopteres.

Insectes à quatre ailes membraneufes, excepté dans peu d'efpeces qui manquent d'ailes. Femelle ayant un aiguillon à la queue. Cet ordre eft nombreux, il contient 320 efpeces fous 10 genres.

242. CYNIPS. *Cynips.* Galle infecte. Aiguillon en fpirale.

C. de la rofe, du Chêne, &c. 19 efpeces.

242. TENTHREDO. *Tentrhrede.* Mouche à fcie. Aiguillon denté, bivalve.

Tentrhrede. (Mouche à fcie) *du pin, de la rofe,* &c. 35 efpeces.

243. SIREX. *Sirex.* Aiguillon denté fous l'épine terminale de l'abdomen.

Urocere, &c. 7 efpeces.

244. ICHNEUMON. *Ichneumon.* Aiguillon apparent au-dehors, Triple.

Ich. du Bedeguard, &c. 77 efpeces.

245. SPHEX. *Sphex.* Aiguillon piquant; ailes.

planes ; bouche fans lan-
gue.

*Sphex d'Egypte , Sphex
Stigma ,* &c. 38 efpeces.

246. CHRYSIS. *Chryfis.* Aiguillon piquant ;
abdomen voûté en
deffous.

*Chryfis enflammé , Chryfis
doré ,* &c. 7 efpeces.

247. VESPA. *Guepe.* Aiguillon piquant ; ailes
fupérieures pliées.

Frelon , &c. 28 efpeces.

248. APIS. *Abeille.* Aiguillon piquant ; langue
infléchie.

Abeille domeftique , terreftre ,
&c. 55 efpeces.

249. FORMICA. *Fourmi.* Aiguillon émouffé ;
point d'ailes aux mu-
lets.

Fourmi rouge , F. fœtide.
18 efpeces.

25. MUTILLA. *Mutille.* Aiguillon piquant ;
point d'ailes aux
mulets.

*M. Occidentale , Amé-
riquaine ,* &c. 10 ef-
peces.

VI. DIPTERA. Dipteres.

Infectes à deux ailes & un balancier derriere chaque aile. Cet ordre contient 270 efpeces fous 10 genres.

251. OESTRUS. *Oeftre.* Bouche fermée ou point.
> *Oeftre du Bœuf, du Renne,* &c. 5 efpeces.

252. TIPULA. *Tipule.* Bouche à lévres latérales, 4 antennulles.
> *Grande Tipule, Tipule couturiere,* &c. 58 efpeces.

253. MUSCA. *Mouche.* Bouche à trompe, fans dents.
> *Mouche de la viande, Mouche commune,* &c. 129 efpeces.

254. TABANUS. *Taon.* Bouche à trompe & à dents conniventes,
> *Morio,* &c. 19 efpeces.

255. CULEX. *Culex.* Bouche ; trompe en Syphon.
> *Culex du fumier,* &c. 7 efpeces.

256. **EMPIS.** *Empis.* Trompe infléchie.

5 efpeces.

257. **CONOPS.** *Conops.* Trompe élevée, cou-
dée.

Conops teftacé, &c. 13
efpeces.

258. **ASILUS.** *Afile.* Trompe élevée, fubulée.

Afile noir, *jaune*, &c. 17
efpeces.

259. **BOMBILIUS.** *Bombilius.* Trompe élévée,
fetacée.

Grand Bombilius, *B. du
Cap*, &c. 5 efpeces.

260. **HIPPOBOSCA.** *Hippobofque.* Trompe courte.

Hippobofque des chevaux,
des Moutons, &c. 4 efpec.

VII. APTERA. APTERES.

Infecte fans ailes. Cet ordre contient 290
efpeces fous 14 genres, difpofés en 3 divifions.

A. *Six pattes*, *tête féparée du thorax.*

261. **LEPISMA.** *Lepifme.* Queue ferrée, fail-
lante.

Lepifme terreftre, *Lepifme
polypode*, &c. 3 efpeces.

262 PODURA. *Podure.* Queue infléchie, bi-furquée, faifant fauter l'infecte.

Podure noire, velue, &c. 14 efpeces.

263. TERMES. *Termes.* Bouche à deux mâchoires.

Termes fatal, &c. 3 efpeces.

264. PEDICULUS. *Pou.* Bouche à aiguillon faillant.

Pou humain, Pou du cheval, Pou du pigeon, Pou de l'abeille &c. 40 efpeces.

295. PULEX. *Puce.* Trompe infléchie avec un aiguillon, pieds fauteurs.

Puce irritante, Puce pénétrante. 2 efpeces.

B. *14 pattes, tête unie au thorax.*

266. ACARUS. *Ciron.* 2 yeux; 8 pattes; antennules.

Ciron du ricin, Ciron des moineaux, Ciron des coleopteres, Ciron des champignons, &c. 35 efpeces.

K iv

267 PHALANGIUM. *Phalangium.* 4 yeux ; 8 antennules en pinces.
Phalangium des baleines , &c. 9 efpeces.

268. ARANEA. *Araignée.* 8 yeux ; 8 pieds ; antennules en pinces.
Araignée domeſtique , &c. 47 efpeces.

269. SCORPIO. *Scorpion.* 8 yeux; 8 pattes ; antennulles en pinces.
Scorpion d'Europe , &c. 6 efpeces.

270. CANCER. *Cancer.* 2 yeux; 10 pattes ; les premieres en pinces.
Bernard l'hermite , Ecreviſſe , &c. 82 efpeces.

271. MONOCULUS. *Monocle.* 2 yeux ; 2 pattes ; 12 antennules ; 10 pinces.
Monocle Polypheme , &c. 9 efpeces.

272. ONISCUS. *Cloporte.* 2 yeux ; 14 pattes.
Cloporte ordinaire, Armadille , &c. 15 efpeces.

C. *Pluſieurs pattes , tête ſéparée du thorax.*

273. SCOLOPENDRA. *Scolopendre.* Corps linéaire.

    Scolopendre marine, phof-
    phorique, fourchue, &c.
    11 efpeces.

274. IULUS. *Iule.* Corps un peu cylindrique.
    Iule terreftre, Iule du fable,
    &c. 8 efpeces.

Linné a fait une attention particuliere aux antennes pour former fes genres, fur-tout ceux de l'ordre des Coleopteres. Mais ce caractere eft prefque toujours appuyé d'un autre tiré des élytres, de la tête, de la bouche, de la trompe, du thorax, de la queue, ou de quelqu'autre partie.

Dans les HEMIPTERES, la trompe fournit le principal caractere ; mais Linné emploie auffi les antennes, les ailes & les pattes.

Dans les LEPIDOPTERES, les antennes & les ailes forment le caractere.

Dans les NEUROPTERES, ce font la bouche, les ailes & la queue.

Dans les HYMENOPTERES, la bouche, les ailes, & l'aiguillon.

Dans les DIPTERES, la bouche & la trompe.

Dans les APTERES, les yeux, la queue & le nombre des pattes (96).

Cl. VI. VERMES. VERS.

La Sixieme & derniere claſſe contient les
VERMES, les vers, qui ſont diviſés en cinq
ordres. Linné adopta un des premiers le nouveau Syſtéme de Peyſſonel & de Juſſieu, &
de quelques autres, en plaçant les coraux &
les corallines dans le régne animal, ſous le
nom de LITHOPHYTA, Lithophytes, &
de ZOOPHITA, Zoophytes. Les recherches
d'Ellis ont jetté un grand jour ſur l'hiſtoire
de ces animaux. Comme cette claſſe eſt la plus
anomale, les caraĉteres des ordres ſont très-
variés.

I. INTESTINA. INTESTINAUX.

Animaux ſimples, nuds, non enfermés dans
une coquille, ſans membres. Cet ordre contient
24 eſpeces ſous 7 genres.

A. *Pore latéral.*

277. LUMBRICUS. *Lombric.* Corps grêle ; an-
neaux charnus.
Lombric terreſtre.
Une eſpece.

279. Sɪᴘᴜɴᴄᴜʟᴜs. *Syphon.* Corps grêle; bouche cylindrique, étroite.

Syphon nud , &c. 2 efpeces.

278. Fᴀsᴄɪᴏʟᴀ. *Fafciole.* Corps déprimé ; pore ventral.

Fafciole hepatique , &c. 3 efpeces.

B.   *Point de pore latéral.*

275. Gᴏʀᴅɪᴜs. *Gordius.* Corps filiforme.

Dragonneau , &c. 5 efpec.

276. Ascᴀʀɪs. *Afcaride.* Corps grêle , extrémités fubulées.

Vermiculaire , &c. 2 efpeces.

280. Hɪʀᴜᴅᴏ. *Sang-fue.* Corps un peu grêle, extrémités tronquées.

Sang-fue médicinale , &c. 9 efpeces.

281. Mʏxɪɴᴇ. *Myxine.* Corps cariné ; bouche ciliée , & armée de mâchoires.

Myxine glutineufe , &c. Une efpece (97).

II. MOLLUSCA. Mᴏʟʟᴜsǫᴜᴇs.

Animaux fimples nuds , non enfermés dans

une coquille, mais ayant des membres. Cet
ordre renferme 18 genres, contenant 110 efpeces.

A. Bouche fupérieure.

288. ACTINIA. *Actinie.* Une feule ouverture
commune & dilatable.
Actinie Judaique, &c. 5
efpeces.

287. ASCIDIA. *Afcidie.* Deux ouvertures.

B. Bouche antérieure, compofée d'un pore latérale.

282. LIMAX. *Limace.* 4 tentacules, anus commun avec le pore
latéral.
Limace noire, *Limace rouffe*,
&c. 8 efpeces.

283. LAPLYSIA. *Laplyfie.* 4 tentacules ; anus
en deffus, & pof-
térieur.
Lapyfie dépilante. Une
efpece.

284. DORIS. *Doris.* 2 tentacules ; anus en deffus, poftérieur.
Doris, Argo, &c. 4 efpeces.

209. **TETHYS.** *Tethys.* Pore au côté gauche, & geminé.

Tethys leporine, &c. 2 efpeces.

C. *Bouche antérieure ; corps ceint intérieurement par des tentacules.*

290. **HOLOTHURIA.** *Holothurie.* Tentacules charnus.

Holothurie phyfalis , &c. 9 efpeces.

292. **TEREBELLA.** *Terebelle.* Tentacules capillaires.

T. lapidaire. Une efpece.

D. *Bouche antérieure , corps ayant des bras.*

291. **TRITON.** *Triton.* Bras partagés en deux , formés quelquefois en pinces.

Triton de rivage. Une efpec.

296. **SEPIA.** *Seche.* 8 ou 10 bras.

Seche officinale , &c. 5 efpec.

295. **CLIO.** *Clio.* 2 bras dilatés.

Clio en pyramide , &c. 3 efpeces.

293. **LERNÆA** *Lernée.* 2 ou 3 bras grêles.
     Lernée aselline, &c.
     4 especes.
294. **SCYLLÆA.** *Scyllée.* 6 bras en 3 paires.
     Scyllée pelagique. Une
     espece.

E. *Bouche antérieure, corps ayant des pieds.*

285. **APHRODITA.** *Aphrodite.* Bouche nue ,
     corps ovale.
     Aphrodite écailleuse ,
     &c. 4 especes.
286. **NEREIS.** *Nereïde.* Bouche unguiculée ,
     corps allongé.
     Nereïde phosphorique , &c.
     11 especes.

F. *Bouche inférieure centrale.*

297. **MEDUSA.** *Méduse.* Corps gelatineux, lisse.
     Porpite , &c. 12 es-
     peces.
298. **ASTENIAS.** *Asterie.* Etoile de mer; corps
     coriace.
     Asterie pectinée , &c. 16
     especes.

299. Echinus. *Ourſin.* Corps cruſtacé, armé de piquants.

Ourſin comeſtible, &c.
17 eſpeces (98).

III. TESTACEA. Testacés.

Animaux en général de l'ordre précédent, mais couverts de coquilles. Cet ordre qui contient la Conchyliologie, eſt compoſé de plus de 800 eſpeces, ſous 36 genres, diſpoſés en une méthode entiérement nouvelle. Les trois premiers genres ſont multivales; les 14 ſuivans bivalves, & les autres univalves.

A. *Multivalves.*

300. Chiton. *Chiton.* Valves diſpoſées dans un ordre longitudinal. *Animal* Doris.

Oſcabrion, &c. 9 eſpeces.

301. Lepas. *Lepas.* Valves inégales, ſeſſiles. *Animal* Triton.

Gland de mer, Cochné anatifere, &c. 9 eſpeces.

302. Pholas. *Pholade.* Bivalves, valves acceſſoires poſtérieures.

Animal Afcidie.
Pholade crépue, &c. 5 efpeces.

B.   *Bivalves*, Conchæ, *Conques*.

303. MYA. *Mye.* Charniere, dent épaiſſe, large, point inférée à la valve oppoſée. *Animal* Afcidie.

Mye des Peintres, &c. 8 ef-peces.

304. SOLEN. *Solen.* Charniere, Dents latéra-les diſtantes. *Animal* Afcidie.

Manche de couteau, Gaine de couteau, &c. 11 efpec.

305. TELLINA. *Telline.* Trois dents latérales, placées, dans une feule valve. *Animal* Tethys.

Telline radiée, &c. 28 efpeces.

306. CARDIUM. *Cœur.* Dents latérales écartées, pénétrantes, les deux du milieu alternes. *Animal* Tethys.

Cœur de bœuf, Hemi-carde, &c. 21 efpeces.

307.

307. MACTRA. *Maâre.* Dent du milieu, repliée, avec une foffette. *Animal* Tethys. 7 efpeces.

308. DONAX. *Donax.* Deux dents, une latérale, folitaire, écartée. *Animal* Tethys. *D. écrite, D. tronquée,* &c. 10 efpeces.

309. VENUS. *Venus.* Dents approchées, divariquées. *Animal* Tethys. *Dione, Conque de Venus,* &c. 38 efpeces.

310. SPONDYLUS. *Spondyle.* Deux dents recourbées, avec une foffette intermédiaire. *Animal* Tethys. *Spondyle Royal,* &c. 3 efpeces.

311. CHAMA. *Chame.* Deux dents obliques, obtufes. *Animal* Tethys. 14 efpeces.

312. ARCA. *Arche.* Dents nombreufes, pénétrantes. *Animal* Tethys. *Arche de Noé,* &c. 13 efpeces.

313. OSTREA. *Huitre.* Point de dents ; petite foffette creufe, ovale ;

ſtries latérales tranſ-
verſes. *Animal Te-
thys.*

Peignes, Huitres, &c.
31 eſpeces.

314. ANOMIA. *Anomie.* Point de Dents ; foſ-
fette linéaire mar-
ginale. Animal ,
*corps en languette
émarginé , cilié ;
les cils attachés
à la valve ſupérieu-
re ; 2 bras linéaires
plus longs que le
corps.*

*Anomie épineuſe, tête de Ser-
pent ,* &c. 27 eſpeces.

315. MYTILUS. *Moule.* Point de dents, foſſette
ſubulée , diſtincte.
Animal Aſcidie.

*Moule des étangs, Moule
de rivieres, Moule Ma-
gellanique ,* &c. 19
eſpeces.

316. PINNA. *Pinne.* Point de dents ; les deux
valves réunies en une,
Animal Limace.

Pinne arrondie , lobée , &c.
8 eſpeces.

C. *Univalves, Spire réguliere ,* Cochleæ.

317. ARGONAUTA. *Argonaute.* Coquille à une
 seule loge. *Animal*
 séche.
 Argo, &c. 2 especes.
318. NAUTILUS. *Nautile.* Coquille à plusieurs
 loges , avec un
 trou de commu-
 nication. *Animal.*
 (Rumph. Mus. t.
 17. f. d.
 Nautile chambré , Nautile
 papyracé , &c. 17 espec.
319. CONUS. *Rouleau.* Bouche longitudinale,
 linéaire , sans dents.
 Animal Limace.
 Capitaine , Impérial , &c.
 34 especes.
320. CYPRÆA. *Porcelaine.* Bouche linéaire den-
 tée de chaque côté.
 Animal *Limace.*
 Crible , Monnoie de Guinée,
 &c. 43 especes.
321. BULLA. *Bulle.* Bouche resserrée, oblique.
 Animal Limace.
 Œuf, Figue , &c. 22 especes.
 L ij

322. VOLUTA. *Volute.* Columelle pliée. *Animal* Limace.

Porphyre, *Oreille de Midas, Olives,* &c. 45 efpeces.

323. BUCCINUM. *Buccin.* Bouche ovale, terminée en canal du côté droit. *Animal* Limace.

Grand Buccin, petit Buccin, &c. 50 efpec.

324. STROMBUS. *Strombe.* Bouche terminée en canal du côté gauche. *Animal* Limace.

Oreille de Diane, &c. 28 efpeces.

325. MUREX. *Murex.* Bouche terminée en un canal droit, coquille à future membraneufe, *Animal* Limace.

Pourpre, Chicorée de mer, &c. 60 efpeces.

326. TROCHUS. *Trochus.* Ouverture un peu Tetragone.

Efcalier, Cadran folaire, &c. 25 efpeces.

327. TURBO. *Turbo.* Bouche entiere, orbicu-

laire. *Animal* Limace.

Vis, &c. 49 efpeces.

328. HELIX. *Helice.* Bouche en croiffant. *Animal* Limace.

Le Vigneron, *le Jardinier*, *la Livrée*, &c. 59 efpeces.

329. NERITA. *Nerite.* Bouche étroite, femi-orbiculaire. *Animal* Limace.

Nerite vivipare, *N. des rivieres*, *Chaméléon*, *Negreffe*, &c. 24 efpec.

330. HALIOTHIS. *Haliothis.* Coquille dilatée, & percée de quelques trous. *Animal Limace.* 6 efpec. *Oreille de mer.*

D. *Univalves fans fpire réguliere.*

331. PATELLA. *Patelle.* Coquille conique. *Animal* Limace.

Bonnet Chinois, *trou de ferrure*, &c. 36 efpeces.

332. DENTALIUM. *Dentale.* Coquille libre, fubulée, ouverte à chaque extrémité. *Animal* Terebelle.

					Défense de Sanglier, &c.
8 eſpeces.

333. SERPULA. *Serpule.* Coquille fixe, tubu-
					leuſe. *Animal* Te-
					rebelle.

					Arroſoir, &c. 16 eſpeces.

334. TEREDO. *Taret.* Coquille pénétrant le
					bois. Animal Te-
					rebelle.

					Taret des vaiſſeaux. Une
					eſpece.

335. SABELLA. *Sabelle.* Coquille formée
					de petits grains
					de ſable. *Animal*
					Nereis. (99).

V. LITHOPHITA. LITHOPHYTES.

Animaux compoſés, fabriquants une baſe
fixe & calcaire. Cet ordre renferme 59 eſpeces ſous 9 genres.

336. TUBIPORA. *Tubipores.* Tube cylindrique.
					Animal Nereis.

					Tuyau d'orgue, &c. 4 eſ-
					peces.

337. MADREPORA. *Madrepores.* Etoiles con-
					caves. *Animal*
					Méduſe.

Porpites, *Fungites*, &c.
35 efpeces.

338. MILLEPORA. *Millepores.* Pores fubulés. *Animal* Hydre. *Millepore Reticulé*, M. *Polymorphe*, &c. 13 efpeces.

339. CELLEPORA. *Cellepores.* Cellulles creufes. *Animal* Hydre. *Spongites*, &c. 6 efpeces (100).

VI. ZOOPHYTA. ZOOPHITES.

Animaux compofés reffemblants à une fleur, & fortant d'une tige végétante. Cet ordre contient 15 genres & 156 efpeces.

A. *Fixes.*

340. ISIS. *Ifis.* Tige pierreufe. *Fleurs* Hydres. *Corail rouge*, *Corail noir*, &c. 6 efpeces.

341. GORGONIA. *Gorgone.* Tige un peu cornée. *Fleurs* Hydres. *Eventail de mer*, &c. 16 efpeces.

342. ALCIONIUM. *Alcionium.* Tige comme du

liége. *Fleur* Hydres.

Alcionium digité A. gelatineux, &c. 12 efpec.

343. SPONGIA. *Eponge.* Tige comme de l'étoupe. *Fleurs......*

Eponge officinale., E. fluviatile, &c. 16 efpeces.

344. FLUSTRA. *Efcharre.* Tige très-poreuſe. *Fleurs* Hydres.

Efcharre papyracée, foliacée, &c. 6 efpeces.

345. TUBULARIA. *Tubulaire.* Tige fiſtuleuſe. *Fleurs* Hydres.

Tubulaire mufcoïde, T. campanulée, &c. 8 efpeces.

146. CORALLINA. *Coralline.* Tige. Articulations filiformes, calcaires. *Fleurs.......*

Coralline officinale, &c. 8 efpeces.

347. SERTULARIA. *Sertulaire.* Tige. Articulations filiformes, fibreuſes. *Fleurs* Hydres.

Barbe de mer, Antenne

de mer, pou de mer, &c.
42 efpeces.

348. VORTICELLA. *Vorticelle.* Tige. Articulations, fibreufes, ge-
latineufes. *Fleurs.....*
Encrinites, &c. 14 efpeces.

B. *Fleurs libres.*

349. HYDRA. *Hydre.* Bouche terminale ceinte
de tentacules. *Fleurs..*
Polypes d'eau douce, &c.
7 efpeces.

350. PENNATULA. *Pennatule.* Tige libre, fubulée, pinnée à l'ex-
trémité. *Fleurs*
Hydres.

351. TÆNIA. *Tænia* (ver folitaire) libre, articulé, moniliforme.
Tænia vulgaire, T. du chien,
&c. 4 efpeces.

352. VOLVOX. *Volvox.* Libre, un peu rond,
gelatineux, fans mem-
bres, tournant fans
cefe.
Beroe, &c. 4 efpeces.

353. FURIA. *Furie.* Libre, linéaire ; aiguillon
réfléchi.
Furie infernale, une efpece.

454. CHAOS. *Chaos.* Libre , reflufcitant fans
membres ni organes.
Chaos des champignons, &c.
5 efpeces (101).

Linné , dans les INTESTINAUX, a tiré fes
différences de la forme variée du corps de l'a-
nimal.

Dans les MOLLUSQUES du corps & des tentacules.

Dans les TESTACÉS , de la forme de la coquille , principalement de la charniere dans les
bivalves , & de la bouche dans les univalves.

Dans les Lithophytes de l'animal qui les
habite , & de la forme du corail.

Dans les Zoophytes de l'animal , & des différentes formes de fes tiges.

Après avoir fait la revue de fes claffes , il
ne nous refte plus qu'à préfenter la méthode
felon laquelle il traite chaque efpece. dans
tout le fyftême , le caractere claffique , celui de
l'ordre & le caractere générique , font déja une
partie de fa defcription ; il y ajoute fon nom
fpécifique , qui exprime la différence entre l'a-
nimal qu'il décrit , & tous les autres du même
genre ; & il le fait même plus connoître en
deux ou trois mots , que ne faifoient les longues
defcriptions de fes prédéceffeurs. Si ce nom

fpécifique a déja été employé par lui dans un autre ouvrage, il y renvoie ; il a cependant quelquefois dans cette derniere édition, changé des noms qu'il avoit employé dans fes premieres, & dans la Faune Suédoife. Il eft vrai que comme le caractere effentiel de chaque efpece, réfulte de la comparaifon exacte de tout le genre, les nouveaux noms peuvent quelquefois exiger pour fe bien claffer avec les anciens, la refonte de tous ceux du même genre.

Après fon nom fpécifique, il donne les fynonymes & cite les auteurs les plus eftimés, & particulierement ceux qui ont figuré les objets ; enfuite il indique le lieu natal, & il ajoute quelquefois, fur-tout dans les mammaux & les oifeaux, une hiftoire abrégée, qui nous inftruit fur la nature, l'économie, & les ufages de l'animal.

Il donne auffi à chaque efpece, un nom trivial qui exprime le plus fouvent fon pays fa couleur, ou quelque particularité remarquable, & qui eft alors une forte de defcription. Lorfque cette efpece eft bien connue fous un feul nom, il le retient comme nom trivial. Ainfi, comme il place la perdrix & la caille, dans le genre *Tetrao* ; il nomme la premiere *Tetrao Perdix*, & la feconde, *Tetrao Coturnix*.

On a reproché à la classification de Linné, qu'elle rapprochoit souvent des êtres bien différents par leur nature & leur forme, parce qu'il ne faisoit attention qu'à un seul caractere, particuliérement dans les Mammaux, où il se borne à celui tiré des dents. On peut répondre en général, que si Linné n'avoit eu à classer que les mammaux, il n'auroit pas eu besoin de créer aucun systême, parce que leur nombre est peu étendu ; mais lorsque l'on considere que toute la nature étoit sous ses yeux, & le nombre infini des êtres, on voit qu'il étoit nécessaire d'établir chaque grande division ou classe sur une seule base ; & c'est peut-être l'observation de cette régle, qui a donné au Systême de Linné un si grand avantage sur tous les autres. Comme la nature n'a suivi aucun systême, tous ceux que l'on invente ne peuvent être qu'artificiels, & présenter des anomalies : le systême artificiel préférable, est donc celui qui conduit le plus aisément vers l'objet que l'on cherche. Peu importe alors le lieu où cet objet est placé, & s'il est éloigné de ceux avec lesquels il paroît avoir quelques rapports généraux (102).

Nous terminerons cet exposé de la classification des animaux, par le dénombrement des objets qui y sont décrits, & dont Linné

a donné les fynonymes , dans la derniere édition de fon *Syftema Naturæ*.

MAMMALIA.	*Mammaux.*	219
AVES.	*Oifeaux.*	931
AMPHIBIA.	*Amphibies.*	291
PISCES.	*Poiffons.*	398
INSECTA.	*Infeƈtes.*	3075
VERMES.	*Vers.*	1163
Animaux divers, décrits dans les Suppléments.		140
TOTAL.		6217

Linné publia encore un ouvrage, qui a un
grand rapport avec le *Syftema Naturæ*. Il a
pour titre : MUSEUM *Ludovicæ Ulricæ Re-*
ginæ, in quo animalia rariora exotica, impri-
mis infeƈta & conchylia defcribuntur & determi-
nantur prodromi inftar editum. Holm. 1764,
in-8°. pp. 720. —— MUSEUM de la Reine
Louife Ulrique, dans lequel les animaux exotiques les plus rares, principalement les infectes & les coquilles font décrits & déterminés , &c. Holm. 1764, *in-8°.* pp. 720.

Cet ouvrage a été fait & publié par les ordres de la Reine de Suéde, qui avoit formé un riche cabinet d'hiſtoire naturelle , dans le palais de Drottningholm , & que Linné étoit chargé d'arranger. La dépenſe conſidérable que cette Princeſſe avoit faite pour ſe procurer des inſectes & des coquilles , a donné à cette collection un avantage dont Linné ſentit tout le prix. Il y vit une foule d'objets rares & curieux , qu'il n'auroit peut-être jamais eu occaſion d'examiner & de décrire, & heureuſement ce cabinet étoit formé avant la derniere édition de ſon *Syſtema*.

On ne trouve dans cet ouvrage que des inſectes & des coquilles exotiques. Les premiers au nombre de 436, les autres de 434, avec 25 molluſques ; la belle claſſe des coléopteres eſt la plus nombreuſe ; & les coquilles y ſont avec un grand nombre de leurs élégantes variétés ; ces objets ſont décrits très en détail, avec toute la préciſion , la briéveté & la méthode que Linné a montré dans tous les ouvrages. Il y introduit un nouveau langage pour l'*Entomologie* & la *Conchiologie* , & les deſcriptions doivent ſervir de modele.

Il a joint à cet ouvrage une ſeconde partie, ou plutôt le *Prodromus* du *Museum Adol-*

phi Frederici Regis, in quo *animalia rariora, imprimis & exotica, aves, amphibia, pifces defcribuntur.* 1765, *pp.* 110. —— Cabinet du Roi Frédéric Adolphe, dans lequel on décrit les animaux exotiques les plus rares, oifeaux, amphibies & poiffons, 1765, *in*-8°. de 110 pages (103).

Dans ce volume d'additions, Linné décrit 156 objets du régne animal, qui tous appartiennent aux quatre premieres claffes, & qui tous avoient été acquis depuis la publication de la premiere partie en 1734. Linné, dans fon *Syftema,* renvoie à ces ouvrages pour les defcriptions plus étendues des objets exotiques. Et rien ne feroit plus agréable aux Zoologiftes, que de voir le même plan exécuté pour tout le régne animal.

TOME II. LE RÉGNE VÉGÉTAL.

La feconde partie du *Syftema Naturæ,* eft relative aux végétaux : elle avoit été traitée d'une maniere très-abrégée dans toutes les éditions antérieures à la dixieme. L'auteur, après fa clef des claffes, avoit feulement donné les noms des genres, fans leurs caracteres effentiels. Il s'étoit réfervé de les publier dans cette édition,

& dans les *Species plantarum* dont nous avons
déja parlé.

Ce volume a plus de 500 pages , & dans la
douziéme édition de 1767, il contient, d'une
maniere très abrégée, le tableau de tous les
végétaux qui étoient venus à sa connoiffance ,
difpofés felon le fyftême fexuel alors univer-
fel. C'eft dans cette branche de l'hiftoire naturelle, que Linné s'eft fur-tout immortalifé. C'eft
une nouvelle époque pour la botanique ; &
Haller même, un des premiers écrivains de ce
fiécle , & qui pouvoit feul marcher fon égal ,
a reconnu avec une nobleffe digne d'un grand
homme , la fupériorité de Linné (104).

Avant que de procéder à un extrait plus par-
ticularifé de ce fyftême, il ne fera pas inutile
de jetter quelques idées fur les méthodes de
botanique, en général, avant la publication
de celle de Linné. Il eft inutile de démontrer
la néceffité d'une méthode pour l'étude de
l'hiftoire naturelle. C'eft véritablement l'ame de
la fcience (105), & fans elle on ne rencontre-
roit qu'erreurs & que confufion parmi l'immenfe
quantité d'individus que préfente le régne végétal. Les auteurs qui ont écritavant l'invention des
fyftêmes , nous en offrent des preuves fuffifantes ; le défaut de méthode nous laiffe à regretter

plufieurs

plufieurs chofes intéreffantes & curieufes fur la matiere médicale, la peinture & la teinture des anciens. Des propriétés & des ufages qui paroiffent avoir été très-certains, font aujourd'hui perdus faute d'une difpofition méthodique, & de defcriptions bien faites.

Les auteurs botaniftes ont choifi différentes méthodes pour arranger les plantes, non-feulement avant, mais même depuis l'invention du Syftême. L'ordre alphabétique a été fouvent adopté, fur-tout dans les catalogues locaux; d'autres ont difpofé les plantes d'après l'époque de leur floraifon, comme ont fait Pauli dans fon *Quadripartitum Botanicum*, en 1639; Befler dans l'*Hortus Eyflettentis* en 1640; & Dillen dans fon *catalogus Giffenfis* en 1719. D'autres les ont rangées d'après les lieux où elles croiffent, comme les auteurs de l'*Hifloria Lugdunenfis*, en 1587; & quelques-uns d'après leurs ufages en médecine.

D'autres les ont rapprochées d'après leurs rapports les plus généraux, dans la forme & la difpofition de leurs racines, de leurs feuilles, de leurs fleurs ou de leurs fruits; ou d'après leur maniere particuliere de croître, de fleurir, & de pouffer leurs feuilles. Ces diftinctions produifoient naturellement des claffes. On divifoit les arbres en cruciferes, pruniferes, bacciferes, glandi-

feres; les herbes, en bulbeufes, filiqueufes, ombelliferes, verticillées, papilionacées, &c. Ces claffes ou ces ordres ont été tellement caractérifés
par la nature, qu'il eft impoffible de les confon-
dre ; & fi l'on pouvoit foumettre tous les végétaux à de femblables combinaifons, & en bien
lier toute la chaîne, on parviendroit enfin à la
méthode naturelle, dernier but de la botanique,
& dont Linné difoit : *Nec fperare fas quod nof-
tra ætas Syftema quoddam naturale videat &
vix feri nepotes.* —— Il n'eft pas permis d'efpérer
que notre fiécle voye jamais un Syftême naturel, & peut-être nos neveux les plus éloignés
ne le verront-ils pas ——.

Cependant les meilleurs écrivains des derniers
fiécles, tels que Jean & Gafpard Bauhin, cher-
cherent à conferver la méthode naturelle autant
qu'il leur fut poffible, mais d'une maniere in-
forme. Gerard & Parckinfon fuivirent leur exemple, mais ils ne donnerent pas des définitions
précifes des claffes, & dans leurs fous-divifions
ou chapitres, ils ne firent aucune attention aux
petites parties de la fructification. On ne pouvoit
donc tirer de leur méthode, que des diftinctions générales ; & la feule maniere de trouver les plantes dont ils parlent, étoit de lire
toutes leurs longues & ennuyeufes defcriptions,
(106) & au bout du temps, on ne pouvoit fou-

vent pas diftinguer la plante que l'on cherchoit.

Conrad Gefner (107), ce grand Naturalifte qui mourut en 1565, paroît avoir été le premier qui ait apporté quelque précifion dans la méthode de claffer les plantes, d'après la fleur & le fruit. Mais il ne fit qu'effleurer ce fujet dans fes lettres, & il ne vécut pas affez pour atteindre à la perfection.

Il étoit réfervé à Cefalpin (108), médecin du pape Clément VIII, d'être le premier qui difpofa les plantes d'une maniere fyftématique dans fes traités *Libri de Plantis*, publiés en 1583 ; il y établit des caracteres principalement tirés du fruit. Il eft étonnant qu'après ce temps, quoiqu'on ait vu fleurir tant de célebres botaniftes, parmi lefquels on compte les deux Bauhin , perfonne n'ait fuivi ce plan , jufqu'à *Morifon* (109) & à *Ray* (110) qui publierent, prefque dans le même-temps , leurs différents Syftêmes, fondés principalement fur les caracteres tirés du fruit.

Depuis cette époque, d'autres auteurs, tels que Knaut, en Allemagne ; Paul Herman & Boerhaave, en Hollande ; & Dillen, à Oxford, ont effayé de perfectionner ces fyftêmes. Ce dernier, fur-tout, a corrigé la méthode de Ray, comme on peut le voir par l'arrangement qu'il a donné aux plantes d'Angleterre, dans la derniere édition de la *Synopfis* de cet auteur.

On a formé auffi plufieurs beaux fyftêmes, en regardant la fleur comme la bafe du caractere claffique. Les corolliftes ont tiré leurs principales diftinctions, de la régularité ou de l'irrégularité des petales, & des différences de leurs formes. Rivin (:11), de Leipfick, fut le premier qui prit la fleur pour bafe de fa méthode, en 1690; Ruppin le fuivit en 1718; mais il ne parvint pas à une perfection auffi grande que Tournefort (112), en 1684, qui forma fes caracteres claffiques, d'après la figure de la fleur, & établit fes divifions & fous-divifions d'après les différentes pofitions du fruit fupérieur ou inférieur au receptacle.

Outre ces méthodes dans lefquelles les auteúrs n'ont confidéré qu'une partie, foit la fleur, foit le fruit, d'autres en ont encore imaginées quelques-unes, dans lefquelles les végétaux font difpofés felon ce qu'ils appellent les claffes naturelles, établies fur une ferie de caracteres pris de toute la plante, & de l'harmonie des organes de la fructification. Van-Royen (113), Profeffeur à Leyde, eft le premier qui ait approché de ce but de la botanique, dans fon *Prodromus Floræ Leydenfis*, 1740. --- Effai d'une Flore de Leyde. ---- Il a été fuivi par Gmelin dans fa *Flora Sibirica*, Flore de Sibérie, en

1747, &c. Ces auteurs , comme L. Gerard, dans fa *Flora Gallo Provincialis* , — Flore de Provence, Paris 1761 , confervent le caractere naturel générique de Linné; ce dernier a adopté avec quelques changements, les ordres de la méthode naturelle, imaginée par Juffieu (114); Haller avoit auffi conçu une méthode de ce genre, qu'il a porté à une grande perfection; dans un ouvrage d'un mérite & d'un fçavoir prodigieux , — l'Hiftoire des Plantes de la Suiffe. —— *Enumeratio Stirpium Helvetiæ* , 3 tom. fol. 1768.

Linné lui-même avoit imaginé une méthode naturelle, mais il penfoit qu'il manquoit trop d'anneaux à cette chaîne pour qu'elle pût être le guide le plus facile dans la botanique; il l'abandonna, quoiqu'il ait toujours cherché depuis à la perfectionner. Il réduifit tous fes genres fous des ordres naturels, mais il n'ofa pas former fon Syftême fur ce plan. Le docteur Hope, profeffeur à Edimbourg, dont on connoît le zele pour répandre les principes de Linné, a peut-être donné le meilleur effai de ce genre ; nous joignons nos vœux à ceux de beaucoup d'autres , pour qu'il puiffe le rendre public (115).

On a auffi formé des méthodes fur les diffé-

rences de forme & d'arrangement du calice.
Le profeſſeur Magnol, de Montpellier, en a
publié une en 1720, ſur ce plan, ainſi que
Linné lui-même en 1737, mais il ne la continua
pas.

Chaque méthode a ſes avantages à quelques égards; & quoique la fleur doive avoir
la préférence, une autre méthode établie
ſur le fruit, ſeroit auſſi d'un uſage commun &
ſecondaire. Toutes les méthodes artificielles,
ſont ſuppoſées ſuppléer ſeulement la méthode
naturelle ; & ſi l'on donnoit à chacune la
même attention, ce ſeroit enrichir les claſſes
naturelles; on ſaiſiroit leurs véritables rapports;
on aboliroit les aberrations, & on parviendroit
enfin vers ce but, que bien des gens regardent
comme impraticable, & qui eſt en effet la pierre
philoſophale de la botanique.

Linné eſt le premier qui ait établi les piſtils
& les étamines, pour baſe d'un ſyſtême artificiel. Il nous apprend dans ſes *Claſſes Plantarum*, qu'il y a été conduit en obſervant l'importance de ces organes pour la végétation.
Ce ſont les ſeules eſſentiellement néceſſaires à
la fructification. Toutes les parties manquent
dans quelques fleurs, excepté les antheres &
les ſtigmates, organes mâles & femelles qui

fervent à la génération des plantes; ils méri‑
toient donc bien d'être obfervés d'une maniere
philofophique & analytique; cependant le Syf‑
tême Linnéen, tout admirable qu'il eft, auroit
peut-être eu moins de fuccès fi les noms des
claffes n'avoient exprimé que le nombre & la
fituation de ces parties, fans indiquer leur def‑
tination. Lvdwig, de Leipfick, qui a cherché
à continuer les Syftêmes de Rivin & de Linné,
en prenant les claffes du premier & les ordres
du fecond, a évité le Syftême de nomencla‑
ture adopté par Linné, en fubftituant les noms
de *Monantheræ*, *Monoftylæ*, &c. (116).

Linné commence l'édition du Syftême des
Végétaux de 1767, par un coup-d'œil rapide
fur tout le régne végétal; il donne enfuite ce
qu'il appelle *delineatio plantæ*; ces chofes font
analogues à ce qu'il avoit imprimé dans les édi‑
tions antérieures à la dixiéme, fous le titre de
Methodus demonftrandi Vegetabilia, Méthode de
démontrer les Végétaux; on trouve enfuite la
lifte de tous les termes qu'il emploie, & la dif‑
pofition méthodique qu'il leur donne en devient
l'explication. Il expofe après cela la clef & les
caraéteres des claffes, *clavis & caraéteres claffium*.

L'avantage d'un Syftême artificiel, confifte à
conferver, autant qu'il eft poffible, les genres
de ce qu'on appelle les claffes & ordres naturels,

& ainsi il est bon d'approcher du Système de
la Nature. Tout Système artificiel étant fondé
sur une partie de la fructification, ou sur toutes,
sans avoir égard à l'ensemble de la plante, doit
rompre en beaucoup d'occasion, les ordres des
classes naturelles, & séparer des genres que la
nature paroît avoir rapprochés. Les classes les
plus simples & les plus uniformes dans chaque
Système, sont celles qui offrent le moins de
ces discordances; on voit avec plaisir que plusieurs classes naturelles sont conservées dans le
Système de Linné ; ses caracteres ont l'avantage d'être simples, aisés à retenir, & établis
sur les parties de la plante qui sont le moins
sujettes à varier. Cependant il a ses défauts
comme toutes les autres méthodes, & personne
ne les connoissoit mieux que l'auteur lui-même.
Il y a plusieurs exemples d'especes particulieres, qui s'écartent du caractere générique &
classique. Il n'y a pas à présent d'autre remede
à cet inconvénient, que celui que Linné y a
apporté ; quand ces aberrations se rencontrent,
elles sont mentionnées & renvoyées ensuite
à la classe ou au genre, dans lesquels le nombre de leurs étamines ou de leurs pistils les
place.

Voici quelle est la disposition du Système
sexuel. Toutes les plantes connues sont divisées

en 24 claſſes, dont les caracteresl ſont établis d'après le nombre, la ſituation & l'arrangement des étamines ou organes mâles; & les ordres ou ſous-diviſions de ces claſſes, le ſont autant qu'il eſt poſſible, d'après le nombre, la ſituation & l'arrangement des piſtils ou organes femelles.

Les 20 premieres claſſes contiennent les fleurs que Linné appelle Hermaphrodites, c'eſt-à-dire qui ont des étamines & des piſtils dans le même calice ou ſur le même receptacle, quand le calice manque.

De ces 20 claſſes, 10 forment une ſerie non-interrompue depuis la Monandrie juſqu'à la Decandrie, noms qui expriment le nombre des étamines ou organes mâles (117).

Onziéme claſſe. La Dodecandrie. On n'a pas encore découvert de plantes qui n'aient que onze étamines.

Douziéme claſſe. L'Icosandrie. Les plantes que cette claſſe renferme, ont vingt étamines au plus, mais toujours attachées au calice ou à la corolle, & jamais au receptacle.

Treiziéme claſſe. La Polyandrie. Depuis vingt juſqu'à mille étamines, mais toujours attachées au receptacle.

Quatorziéme claſſe. La Didynamie. Quatre étamines, deux longues & deux courtes : ainſi le caractere de cette claſſe ne conſiſte plus dans le nombre des étamines ; car alors elle ſeroit unie à la Tetrandrie, mais ſeulement en ce que des quatre étamines, deux ſont beaucoup plus courtes. La corolle eſt irréguliere.

Quinziéme claſſe. La TETRADYNAMIE. Six étamines dont deux plus courtes.

Seiziéme claſſe. La MONADELPHIE. Les étamines dans cette claſſe, ne ſont pas ſéparées à leur baſe, mais unies en un ſeul corps.

Dix-ſeptiéme claſſe. DIADELPHIE. Les étamines ſont réunies à la baſe en deux corps.

Dix-huitiéme claſſe. POLYADELPHIE. Les étamines ſont unies à la baſe en différents corps.

Dix-neuviéme claſſe. La SYNGENESIE. Les étamines ne ſont plus réunies par les filamens, mais par les antheres ; elles forment ainſi un tube, au travers duquel le piſtil s'éleve.

Vingtiéme claſſe. La GYNANDRIE. Les étamines ſont attachées ſur le piſtil.

Vingt-uniéme claſſe. MONOECIE. Les fleurs mâles & femelles ſont ſéparées, mais elles vivent ſur la même tige.

Vingt - deuxiéme claſſe. La DIOECIE. Les Fleurs mâles & femelles vivent ſur des tiges différentes.

Vingt-troifiéme claffe. La POLYGAMIE. La même tige porte des fleurs mâles, des fleurs femelles & des fleurs hermaphrodites.

Vingt-quatriéme claffe. La CRYPTOGAMIE. Cette claffe renferme les plantes dont les organes de la fructification font cachés & peu connus.

Les ordres ou divifions des claffes, font établis fur le nombre des piftils, ou organes femelles dans une grande partie du Syftême, & dans le refte fur différents caracteres.

La difpofition tirée du nombre, eft confervée jufqu'à la treiziéme claffe, tant que le caractere claffique eft établi fur le nombre des étamines, les ordres le font auffi fur le nombre des piftils; mais lorfque c'eft leur fituation, ou une autre difpofition qui font le caractere de la claffe, les ordres font le plus communément établis fur d'autres diftinctions, que je vais briévement expofer.

La quatorziéme claffe, ou DIDYNAMIE, eft divifée en GYMNOSPERMIE & ANGIOSPERMIE. La premiere a quatre femences nues, la feconde a fes femences couvertes d'une enveloppe.

La quinziéme claffe, ou TETRADYNAMIE, a deux ordres relatifs à la figure & à la fituation de la filique. 1°. T. SILICULEUSE à filiques courtes, 2°. T. SILIQUEUSE à Siliques longues.

Les ordres des trois classes suivantes, la *Monadelphie* & la *Diadelphie*, sont établis d'après le nombre des étamines.

La *Syngenesie* ou dix-neuviéme classe, est divisée en six ordres ; dans cinq les plantes sont POLYGAMES, & dans le sixiéme, MONOGAMES ; les différences des premiers ordres, sont fondées sur le sexe des fleurons & des demi-fleurons, qui, réunis, forment toute la fleur.

Dans la vingtiéme classe, la *Gynandrie*; le nombre des étamines constitue les ordres comme dans les classes 16, 17 & 18. Dans les classes 21 & 22, la *Monoecie* & la *Dioecie*, les caracteres de toutes les classes précédentes, deviennent caracteres des ordres, ainsi le premier ordre est la MONANDRIE, & le dernier la GYNANDRIE.

La *Polygamie* est divisée en trois ordres; les plantes de cette classe sont MONOIQUES, DIOIQUES & TRIOIQUES.

La derniere classe est divisée en quatre ordres; FILICES, MUSCI, ALGÆ, FUNGI, les FOUGERES, les MOUSSES, les ALGUES, & les CHAMPIGNONS.

CLASSES ET ORDRES *du Syftéme de Linné avec l'indication de quelques plantes pour fervir d'exemples , ainfi que le nombre des genres contenus dans chaque ordre , & des efpeces dont la fynonymie fe trouve dans le* Species *plantarum.*

Cl. 1. MONANDRIE. 34 efpeces.

Monogynie. 11.   genres ; Balifier , Salicorne , Hipparis , &c.

Dygynie.   4.   genres ; Corifperme , &c.

2. DIANDRIE. 186.

Monogynie. 29.   Jafmin , Troene , Lilas , Veronique , Verveine , Sauge , Olivier , &c.

Digynie.   1.   Flouve.
Trigynie.   1.   Poivrier.

3. TRIANDRIE. 412.

Monogynie. 29.   Valeriane , Glayeul , *Ixia* , *Iris* , Linaigrette , Scirpe , &c.

Digynie.   29.   La plupart des graminés , l'orge , le feigle , le froment , la canne à fucre , &c.

Trigynie.	11	*Holosteum* , Caille - lait ;
			&c.

4. TETRANDRIE. 335.

Monogynie. 61.	*Protea* , Globulaire , Sca-
			bieuse , Sherard , Garance ;
			Plantain , Alchemille , &c.
Digynie.	6.	*Aphanes* , Cuscute , *Hype-*
			coum , &c.
Tetragynie.	7.	*Potamogeton* , *Tilæa* , &c.

5. PENTANDRIE. 976.

Monogynie. 138.	Héliotrope, Borraginées, Bu-
			glosse, Bourache, Consou-
			de, Primevere, Soldanelle,
			Lizeron, Campanule, Jus-
			quiame, Nicotiane ou Ta-
			bac , Solanum , Lierre ;
			Vigne, &c. &c.
Digynie.	170.	*Contortæ* ; Asclepiade A-
			pocin, Kali, Gentiane ;
			ombelliferes , Carote ,
			Cerfeuil, Cigue, &c. &c.
Trigynie.	16.	Viorne , Sureau , *Alsine* ;
			&c.
Tetragynie.	2.	Parnassie , &c.

Pentagynie. 9. Lin , Roſſoli , *Craſſula* , &c.
Polygynie. 1. Myoſure , ou queue de ſouris.

6. HEXANDRIE. 330.

Monogynie. 56. Narciſſe , Lys , Jonquille ,
                   Fritillaire , Ornithogale ,
                   Aſperge , Muguet , Hya-
                   cinthe , &c.
Dygynie. 2. Ris , *Atraphraxis.*
Trigynie. 9. Ozeille, Colchique, &c.
Tetragynie. 1. *Petiveria.*
Poligynie. 1. Fluteau.

7. HEPTANDRIE. 6.

Monogynie. 31. *Trientalis*, Marronier d'Inde.
Digynie. 1. *Limeum.*
Tetragynie. 1. *Saururus* ou queue de Lézard.
Heptagynie. 1. *Septas.*

8. OCTANDRIE. 169.

Monogynie. 31. Capucine , Epilobe, *Amyris*,
                   Airelle , Daphné , &c.
Digynie. 4. *Weinmanni , Moerhingia.*
Trigynie. 5. *Coccoloba* , Cardioſperme.
Tetragynie. 3. Paris , *Adoxa.*

9. ENNEANDRIE. 19.

Monogynie. 4. Anacarde.
Trigynie. 1. Rhubarbe.
Hexagynie. 1. Butome.

10. DECANDRIE. 425.

Monogynie. 50. Caſſier, *Monotropa*, Andro-
                mede.
Digynie. 12. Saxifrage, Sabline, Sapo-
                naire, œuillet.
Trigynie. 11. Cucubale, *Silené*, Stellaire.
Pentagynie. 14. *Sedum*, *Lychnis*, Ceraſte.
Decagynie. 2. *Phytolacca*.

11. DODECANDRIE. 131.

Monogynie. 20. Cabaret, Salicaire.
Digynie. 20. Aigremoine.
Trigynie. 2. Reſeda, Tithymale.
Pentagynie. 1. *Glinus*.
Dodecagynie. 1. Joubarbe.

12. ICOSANDRIE.

Monogynie. 10. Cirier, Myrthe, Amandier.
Digynie. 1. Aliſier.
Trigynie. 2. Sorbier.

Pentagynie.

Pentagynie. 6. *Mesembrianthemum , Spiræa.*
Polygynie. 9. Rosier, Fraisier, Tormentille.

14. POLYANDRIE 269.

Monogynie. 35. Caprier , Pavot, *Nymphea ,* Chelidoine.
Digynie. 4. Pivoine , *Calligonum.*
Trigynie. 2. Dauphin , Aconit.
Tetragynie. 3. *Cimifuga.*
Pentagynie. 3. Ancholie , Nielle.
Hexagynie. 1. *Statriotes.*
Polygynie. 18. *Magnolia ,* Anemone , Renoncules , Clematite, Hellebore.

14. DIDYNAMIE. 465.

Gymnospermie. 35. Une grande partie des Labiées ; Hyssope, Lavande, Lamion , Betoine , Ballote , Marrube , Menthe , Origan , Melisse.
Angiospermie. 2. Une grande partie de Personées ; Euphraise , Pediculaire , Muflier , Scrophulaire, digitale, *Bignonia Linnæa,* Orobanche, Acanthe.

N

15. TETRADYNAMIE. 215.

Siliculeuse.	14.	Cruciferes, *Thlaspi*, *Cochlearia*, *Iberis*, Myagre, *Alyssum*.
Siliqueuse.	17.	Sysimbre, Velar, Giroflée, Chou, *Sinapis*, Rave, Pastel.

16. MONADELPHIE. 181.

Pentandrie.	4.	Hermannia, melochia.
Decandrie.	3.	Geranium.
Endecandrie.	1.	Brownea.
Dodecandrie.	1.	Pentapetes.
Polyandrie.	17.	Malvacées, Mauve, *Sida*, *Lavatera*, *Hibiscus*.

17. DIADELPHIE. 512.

Pentandrie.	1.	Monieria.
Hexandrie.	2.	Fumeterre.
Octandrie.	2.	*Polygala.*
Decandrie.	27.	Papilionacées, Genet, Bugrane, Lupin, Haricot, Lentille, Sainfoin, Psoralée, Treffle, Lotier, *Medicago*.

18. POLYADELPHIE.

Pentandrie. 2. Cacaotier, *Monsonia.*
Icosandrie. 1. Citronier.
Polyandrie. 7. Millepertuis.

19. SYNGENESIE. 905.

Polygamie égale. Fleurons tous hermaphrodites.
40. Laitue, Piſſenlit, Chi-
corée, Chardon Carline,
Carthame, Eupatoire,
Santoline.

Polygamie ſuperflue. Fleurons du diſque her-
maphrodite, ceux
du rayon femelles. 37.
Tanaiſie, immortelle,
Tuſſilage, Seneçon,
Arnica, Matricaire,
Achilliere.

Polygamie fruſtranée. Fleurons du diſque her-
maphrodite, ceux du
rayon neutres. 7. He-
lianthe, Rudbeck, Cen-
taurée, *Coreopſis.*

Polygamie Néceſſaire. Fleurons du diſque mâle,
ceux du rayon fe-

                melles, 13. *Silphium*, Sou-
                cis, *Othonna*.

Polygamie féparée. Fleurons dans des calices
                féparés & réunis dans un
                calice commun, 6. *Echi-*
                nops, *Sphæranthus*.

Monogamie.   Fleurs fimples, 7. *Lobelia*,
                Violette, Jafion.

20. G Y N A N D R I E. 200.

Diandrie.	9.	*Orchis*, Satyrion, *Serapias,* *Cypripedium.*
Triandrie.	4.	*Ferraria, Sisyrinchium.*
Tetrandrie.	1.	Nepenthes.
Pentandrie.	3.	*Ayenia*, Grenadille, ou fleur de la paffion.
Hexandrie.	2.	Ariftolochie.
Decandrie.	2.	*Helicteres.*
Dodecandrie.	1.	*Cytinus.*
Polyandrie.	8.	*Arum.*

21 M O N Œ C I A. 290.

Monandrie.	5.	*Chara, elaterium.*
Diandrie.	2.	*Lemna.*
Triandrie.	12.	*Typha, Carex.*

Tetrandrie.	8.	Bouleau, Buis, Ortie; Murier.
Pentandrie.	9.	*Xanthium.*
Hexandrie.	2.	*Zizania.*
Heptandrie.	1.	*Guettarda.*
Polyandrie.	13.	Chêne, Noyer, Platane.
Monadelphie.	15.	Pin, Cyprès, Ricin.
Syngeneſie.	6.	Concombre, Brione.
Gynandrie.	2.	*Andrachne.*

22. D I Œ C I E. 157.

Monandrie.	1.	Najas.
Diandrie.	3.	Saule.
Triandrie.	5.	*Empetrum.*
Tetrandrie.	5.	*Hyppophae.*
Pentandrie.	12.	Piſtachier.
Hexandrie.	6.	*Smilax.*
Enneandrie.	2.	Mercuriale.
Decandrie.	4.	*Coriaria.*
Dodecandrie.	2.	*Datiſca.*
Polyandrie.	1.	*Cliffortia.*
Monadelphie.	6.	Genevrier.
Syngeneſie.	1.	Houx.
Gynandrie.	1.	*Clutia.*

23. P O L Y G A M I E. 163.

Monœcie.	22.	Bananier, Veratre, Parietaire, Erable, Senſitive.

Diœcie.   10.   Frêne.
Triœcie.   2.   Figuier.

24.   C R Y P T O G A M I E. 657.

Fougeres.   Préle, Osmunde, Polypode.
Mousses.   11.   Mnie, Brye, Polytric, Ly-
                     copode.
Alges.   12.   *Lichen*, Tremelle, *Byssus*,
                     Fucus.
Champignons. 10. Agaric, Bolet, Morille,
                     Helvelle, Clavaire, Fezize,
                     Vesse-Loup.

Appendix. P A L M I E R. 11.

9. Datier. *Chamærops.*

Les genres font établis d'après l'enfemble
de toutes les parties de la fructification relativement à leur nombre, leur figure, leur proportion & leur fituation ; leur defcription
féparée forme un volume dont il a été parlé
page 64.

Outre les caracteres naturels des genres,
Linné a imaginé pour la briéveté deux autres
fortes de caracteres qu'il appelle *factices &*
effentiels.

Le premier fert à diftinguer chaque genre des autres genres du même ordre artificiel feulement, par l'énumération des différences les plus remarquables, ce qui facilite beaucoup les recherches des commençans.

Les caracteres effentiels diftinguent les genres des ordres naturels, mais ils ne font pas affez complets, & peut-être n'y en a-t-il qu'un très-petit nombre. Ils font placés dans tout le fyftême pour épargner la peine de recourir au caractere naturel.

Comme cet ouvrage devoit contenir toutes les plantes connues, il étoit impoffible d'y faire entrer les caracteres naturels des genres. On pouvoit feulement y placer les caracteres factices & effentiels, les premiers à la tête des claffes, les derniers devant les genres. Chaque genre eft renvoyé par un n° à fa place dans la derniere édition des *Genera plantarum* en 1764, & à la page des *Species plantarum* de 1762, où les efpeces font détaillées & les fynonymes ajoutés.

Linné en formant la derniere branche de fon fyftême, fes noms *fpecifiques*, a fait plus pour la fcience que tous les auteurs qui l'avoient précédé ; il a pris la plus grande peine à les former fur des diftinctions auffi fixes

N iv

qu'il étoit poffible; il a donné des noms fpécifiques à toutes les plantes ; ces noms n'étoient pas
pris comme on faifoit avant lui du nom de l'inventeur, de la reffemblance de la plante avec
d'autres, de la grandeur, ou de la couleur de la
fleur; du goût, de l'odeur, ou des ufages de
la plante, ou d'autres circonftances vagues :
mais de quelque différence remarquable dans
la racine, la tige ; & particulierement de la
feuille, de la foliation, de la ramification ou
d'autres diftinctions conftantes.

Outre ces noms ou defcriptions fpecifiques,
Linné a encore imaginé pour chaque plante
un nom trivial, & l'a employé dans tous les ouvrages qui ont fuivi les *Species. plantarum* en
1753. Ce nom confifte dans un feul mot ajouté
au nom générique qui exprime autant qu'il
eft poffible quelque caractere de l'efpece, comme
*Laciniata, erecta, repens, aquatica, montana,
elongata.* —— Laciniée, droite, rampante, aquatique, montagnarde, allongée, &c. & quelquefois le nom de l'inventeur. Lorfque d'a-
près les loix de fes *Fundamenta Botanica*,
Il a été obligé de changer le nom générique
d'une plante très-connue avant lui, & fur-tout
quand elle eft officinale, il fait de cet ancien
nom générique un nom trivial. Ainfi, le *Pulegium* pouliot appartient réellement au genre

menthe *mentha*, d'après cela il le nomme
Mentha Pulegium, Menthe Pouliot, &c.

Les variétés qui faute de bons caracteres
spécifiques, avoient considérablement augmenté
le nombre des especes, ne sont point admises
dans les *Species* de Linné; cependant, il a porté
un peu trop loin la rigueur selon l'opinion de
quelques Botanistes, ses contemporains, en re-
fusant le titre d'especes à des plantes qui ont
des caracteres très-constants.

Le tems qui s'écoula depuis la premiere
édition des *Genera* & des *Species plantarum*,
& la grande quantité de matériaux qu'il reçut
de toute part, mirent Linné à portée de cor-
riger beaucoup de caracteres génériques & spécifiques & de faire beaucoup de transpositions,
fort utiles au progrès & à la perfection de son
ouvrage. Dans sa derniere édition ces transpositions ont principalement eu lieu dans la Mon-
necie, la Diœcie & la Polygamie, & cela n'est
pas étonnant, puisqu'on a observé que beaucoup de plantes de cette classe ne produisent
dans leur jeunesse que des fleurs mâles, ensuite
des fleurs mâles & femelles, & qu'elles finis-
sent par ne plus donner que des fleurs femelles.

Les Species plantarum contiennent près de
sept mille trois cent plantes. Le système a été
augmenté de beaucoup de plantes que Linné

ne connoiſſoit pas avant, & porté à environ ſept mille huit cent (115).

Ce ſecond volume du ſyſtéme avoit été immédiatement précé é de la *Mantiſſa plantarum generum, editionis ſextæ, & ſpecierum editionis ſecundæ.* Holm. 1762, p. 142. — Supplément à la ſixieme édition des genres des plantes & à la ſeconde des eſpeces. Stokolm 1767, pp. 142. — Il y décrit complettement comme dans les *Genera plantarum*, les caracteres naturels de 44 genres nouvellement établis; ces genres ſont ſuivis de l'énumération de 430 eſpeces nouvelles, avec leurs ſynonymes comme dans les *Species plantarum.* Toutes ces plantes ſont rapportées dans le volume du ſyſtême dont je viens de donner l'extrait.

Tome III. Régne Minéral. (118)

Il nous faut maintenant ſuivre notre auteur dans le Regne minéral. Quoiqu'il ait donné de bonne heure un eſſai de méthode pour le claſſer, il ne l'étendit pas comme celle des vég taux avant 1768. Il publia alors le troiſiéme tome de la douzieme édition de ſon ſyſtême naturel, contenant le *Regnum lapideum,* le Regne minéral; ce volume forme 222 pages, & il eſt terminé par un appendix de quelques animaux & végétaux inconnus ou mal décrits, avec les noms génériques de tout le fyftême ; chaque regne eft caractérifé par un type différent & l'enfemble des genres de tout le fyftême monte à 1820.

On a imaginé plufieurs méthodes pour l'arrangement des foffiles. Chacune a fes perfections & fes avantages. Quelques-uns ont fondé la bafe de leur fyftéme fur la figure, la couleur & la ftructure, & d'autres caracteres vifibles & extérieurs ; mais comme ils n'ofoient pas s'y fier entierement, ils appelloient toujours à leur aide la chymie, ou dumoins les acides minéraux. D'autres, tels que les chymiftes & les métallurgiftes de profeffion ont établi leur difpofition fur des principes chimiques, qui conduifent plus furement à la connoiffance de l'origine des foffiles en général, & l'on doit avouer qu'on ne pourra efpérer le meilleur fyftéme que quand on aura des lumieres fuffifantes fur cette origine. Les minéralogiftes paroiffent en faire aujourd'hui leur principale occupation, & l'examen attentif des Volcans & de leurs produits, fournira de nouveaux fujets d'obfervations.

Ce volume commence par l'expofé de la Theorie de Linné, fur l'origine des minéraux en général ; la maniere méthodique & abregée avec laquelle il a donné fa philofophie des minéraux n'eft pas fufceptible d'extrait; il paffe enfuite au tableau claffique des différents fyf-têmes, minéralogiques des meilleurs auteurs depuis Bromel qui écrivit en 1730, Wal-lerius en 1747, Woltersdorf en 1748, Car-theufer en 1755, Jufti en 1757, l'Anonyme (Cronftedt) en 1758, & enfin Vogel en 1762. Il a joint des remarques relatives à chaque méthode & à chaque théorie. Il termine cette introduction par une explication des termes employés dans fon ouvrage.

Dans fes *Termini artis*, Termes de l'art, Linné a défini avec fa précifion ordinaire une fuite de mots également nouveaux & curieux, employés principalement dans les phrafes fpé-cifiques, la partie la plus difficile du fyftême. Ils font fort heureufement combinés, pour ex-primer toutes les différences de formes que les fubftances minérales, offrent dans leur croûte ou fuperficie, leurs parties conftituantes ou fibres, & leur texture, fiffile, granuleufe, &c. leur dureté ou leur couleur & les altérations qu'ils reçoivent de l'action du feu ou des acides.

Quelques minéralogiftes dont l'opinion eft d'un très-grand poids, ont paru douter qu'on pût donner dans le regne minéral, plus que des caracteres génériques, tant les individus varient & tant les nuances font imperceptibles ; cependant les diftinctions fpécifiques font abfolument néceffaires fur-tout dans les méthodes qui ont pour bafe les caracteres extérieurs. Ceux qui ne confiderent que l'analyfe des parties conftituantes, peuvent fe contenter des tables fynoptiques dont Cronftedt a donné l'exemple. Linné & Wallerius s'impoferent les premiers, la tâche difficile de fixer des caracteres fpécifiques ; le tems feul apprendra ce que les minéralogiftes futurs fauront y ajouter.

Les auteurs de tous les fyftêmes avoient été embarraffés par les terres & les pierres, principalement lorfqu'elles avoient plus ou moins paffé à l'état de mine, par le mélange des particules métalliques : les fels, les fouffres, les métaux étoient plus aifés à claffer.

Les auteurs de fyftêmes, chimiftes ou métallurgiftes, commençoient ordinairement par les terres qu'ils confideroient comme la bafe des pierres : Linné commença par les pierres, pour prendre, dit-il, le milieu entre les métallurgiftes proprement dits, & ceux qui tirent les caracteres des différences extérieures.

Il fépare tout le regne minérale en trois claffes, *Petræ, Mineræ, Foffilia*, pierres, minéraux, foffiles.

Chaque claſſe eſt diviſée en différens ordres & le tout comprend 54 genres, je vais donner un apperçu des caracteres des claſſes & des ordres; faire l'énumération de chaque genre & des eſpeces les plus remarquables.

Cl. I. PETRÆ. PIERRES.

Corps. Foſſiles formés par la coheſion des principes terreux.

Simples. Deſtituée de principes ſalins, inflammables & métalliques.

Fixes. Qui ne ſont pas entierement & intimement ſolubles.

Similaires. Compoſés de parties homogenes.

Ordre I. HUMOSÆ. *Humeuſes.* Produites par la terre des végétaux.

Ordre II. CALCARIÆ. *Calcaires.* Combuſtibles, produites par les corps marins Calcaires; devenant légeres & poreuſes dans le feu, & s'y réduiſant en une poudre impalpable.

Ordre III. ARGILLACEÆ. *Argilleuſes.* Produites par le ſédiment de la mer, ſouvent

onctueuses au toucher,
résistant au feu.

Ordre IV. ARENATÆ. *Sabloneuses.* Produites
par la précipitation
des eaux de pluie,
acides, scintillant
sous l'acier, & four-
nissant par la tritu-
ration une poudre
rude.

Ordre V. AGGREGATÆ. *Aggregée.* Produites
par le mélange des
précédentes ; les
interstices sont le
plus souvent rem-
plis par le Quarts,
le Spath & le Mica.

GENRES DES PIERRES.

I. HUMOSÆ. PIERRES.

ALUMINEUSES. ARDOISES.

1. SCHISTUS. Schiste. *Base.* Terre végétale
qui se brise en
Fragments. Fissiles, ho-
rizontaux, planes,
opaques, cédans sur le

couteau, & combuſ-
tibles.

II. CALCAREÆ. PIERRES CALCAIRES.

2. MARMOR. Marbre. *Baſe.* Terre animale.
Fragments indéter-
minés, irréguliers,
cédans ſous le cou-
teau.

Efferveſcence dans les
acides, quoiqu'ils
n'y ſoient pas com-
pletement ſolubles,
mais ſe convertiſſant
facilementen chaux.

3. GYPSUM. Gypſe. *Baſe.* Terre calcaire,
ſaturée d'acide.

Fragments indétermi-
nés, irréguliers, cé-
dans ſous le couteau,
compoſés de particu-
les impalpables.

Fixes. Point d'effetveſcence
dans les acides, ne s'y
diſſolvant pas.

4. STIRIUM. Albâtre fibreux. *Baſe.* Terre
gypſeuſe.

Fragments

Fragments. Contigus , paralleles , cédant fous le canif.

5. SPATHUM. Spath. *Bafe.* Terre calcaire qui a été fluide.
Fragments. Rhombes planes & polis.

III. ARGILLACEÆ. PIERRES ARGILLEUSES.

6. TALCUM. Talc. *Bafe.* Argille endurcie.
Particules. Impalpables , cédant fous le couteau, un peu onctueufes au toucher , réfiftant au feu.

7. AMIANTHUS. Amianthe *Bafe.* Argilleufe.
Fragments. Filamenteux.

8. MICA. Mica. *Bafe.* Argille qui a été diffoute.
Particules membraneufes, brillantes , écailleufes , féparables.

IV. ARENATÆ. TERRES SABLONEUSES.

9. COS. Cos. Pierre à aiguifer. *Bafe.* Sable

agglutiné.

Fragments. Irréguliers, un peu opaques, étincellant sous le briquet & se brisant en

Particules granulées.

10. QUARTZUM. Quartz. *Origine.* L'eau.

Fragments. Indétermi-nément aigus & anguleux.

Particules. Uniformes & transparentes.

11. SILEX. Silex. *Base.* Chaux ou terre animale, agglutinée en une substance uniforme.

Fragments. Indéterminés, mais convexes d'un côté & concaves de l'autre.

Particules. Uniformes.

V. AGGREGATÆ. PIERRES AGGRÉGÉES.

12. SAXUM. Roche. *Base.* Heterogêne, composée des particules des substances précédentes différemment combinées.

ESPECES DES PIERRES.

Les PIERRES font divifées en 5 ordres.

I. HUMOSÆ. Les Pierres Humeufes.

1. SCHISTUS. Schifte. 13 efpeces.

2. Tabularis. *Schifte en table.*
3. Atratus. *Schifte noir.*
5. Ardefia. *Ardoife bleue, Ardoife de toit.*
9. Nigrica. *Crayon bleu.*

II. CALCARIÆ. Pierres calcaires.

2. MARMOR. Marbre. 15 efpeces.

1. Schiftofum. *Marbre fchifteux, Marbre noir.*
2. Nobile. *Marbre de Paros, Marbre de Sta-*
tuaire avec toutes fes variétés.
3. Florentinum. *Marbre de Florence, Pierres*
de Florence.
7. Micans. *Pierre calcaire fpatheufe.*

3. GYPSUM. Gypfe. Pierre à plâtre. 3 efpeces.

2. Ufuale. *Plâtre commun.*
3. Alabaftrum. *Albâtre.*

4. STRIRIUM. 4 efpeces.

1. Gypfeum. *Gypfe fibreux.*

5. SPATHUM. Spath. 14 efpeces.

a. Soluble dans l'acide nitreux.

1. Speculare. *Spath nitreux.*
2. Duplicans. *Spath d'Iflande.*
6. Tinctum. *Spath tranfparent coloré, Topafe, Emeraude & Saphir faux.*

b. Infolubles dans l'acide nitreux.

12. Campeftre. *Feldt Spath, Spath des champs.*

III. ARGILLACEÆ. Pierres Argilleufes.

6. TALCUM. Talc. 12 efpeces.

3. Rubrica. *Ochre rouge, terre de Sinope.*
4. Smectis. *Craie de Briançon.*
6. Serpentinus. *Serpentine.*
7. Nephreticus. *Jade, Pierre Nephretique.*
9. Corneus. *Roche de corne luifante.*

7. AMIANTHUS. Amianthe. 10 efpeces.

1. Asbeftus. *Asbefte.*
2. Plumofus. *Asbefte en plume.*
7. Suber. *Liége de montagne, Liége foffile.*
9. Aluta. *Cuir de montagne, Cuir foffile.*

MICA. Mica. 10 efpeces.

1. Membranacea. *Verre de Mofcovie.*

4. Aurata. *Mica écailleux doré.*
7. Talcofa. *Mica commun.*

IV. ARENATÆ. Pierres fabloneufes.

9. Cos. Pierres de Cos. 16 efpeces.

1. Cotaria. *Grais ou pierre de Remouleur.*
2. Quadrum. *Pierre à bâtir.*
12. Filtrum. *Grais poreux, pierre à filtrer.*
15. Molaris. *Pierre meuliere.*

10. QUARTZUM. Quartz. 8 efpeces.

1. Hyalinum. *Quartz tranfparent.*
2. Coloratum. *Quartz coloré jaune, rouge, bleu, &c.*
3. Lacteum. *Quartz laiteux.*
6. Cotaceum. *Quartz granuleux.*

11. SILEX. Silex. Caillou. 16 efpeces.

a. Cailloux difperfés.
1. Cretaceus. *Silex ordinaire.*
2. Pyromachus. *Pierre à fufil.*
4. Hæmachates. *Caillou d'Egypte, Pierre de Moka.*
6. Opalus. *Opale.*
7. Onyx. *Onyx.*
8. Chalcedonius. *Chalcedoine.*

9. Carneolus. *Cornaline.*

       b. Silex en Roche.

10. Achates. *Agathe.*

11. Petrofilex. *Petrofilex.*

13. Jafpis. *Jafpe.*

    V. AGGREGATÆ. Pierres aggregées.

    12. Saxum. Roches. 39 efpeces.

1. Porphyrius. *Porphyre de différentes cou-*
leurs.

2. Trapezum. *Roche de corne qui fe divife en*
cubes.

19. Granite. *Granite.*

39. Silicinum. *Pondding.*

Toutes ces Pierres font formées de particules hétérogenes appartenant aux ordres précédents , & agglutinées de différentes ma-
nieres.

Cl. II. MINERÆ. MINERAUX.

Corps foffiles, produits par la Cryftallifation
de quelques principes falins.

Compofés, de particules falines, inflammables
& métalliques unies à leur bafe.

Solubles , parfaitement dans les menftrues
qui leur conviennent.

Ordre I. SALIA. SELS. Corps fapides ,

folubles dans l'eau , & diftingués par leurs différents effets fur l'organe du goût.

Linné range dans cet ordre toutes les Pierres gemmes ou précieufes , malgré leur texture & leur infolubilité , ainfi que les autres Pierres cryftallifées. Cet arrangement n'a guere été approuvé par les minéralogiftes. Linné leur répond , que tous les mineraux réguliers polyedres font le produit de la cryftallifation , qui n'a pas pu s'exécuter fans un certain dégré de fluidité. Les cryftaux falins ou pierreux doivent leur figure à un principe uniforme d'opération, pendant qu'ils étoient fluides. Ainfi d'après les rapports de la figure, il a placé le Chryftal de roche dans le même genre que le Nitre ; la Topaze avec le Borax, le Diamant & le Rubis avec l'Alun. Linné a expliqué fes motifs d'une maniere plus étendue dans une differtation qui fe trouve dans le premier volume des Aménités académiques , & il y a depuis ajouté. *Chryftallos quod fubjecerim falibus ne quemquam offendat, mutet vocem* SALIS *in* CHRYSTALLI, *fi magis placeat, in verbis erimus faciles.* Si quelqu'un paroît choqué que j'aie rangé les chryftaux avec les fels, qu'il change le mot fel en celui de chryftal , fi cela lui convient mieux, je ne tiendrai pas aux mots.

Ordre II. SULPHURA. *Souffres.* Corps inflammables, brulants avec odeur, folubles dans l'huile & caractérifés par leurs différents effets fur l'organe de l'odorat.

Ordre III. METALLA. *Métaux.* Subftances pefantes, brillantes; fufibles dans le feu, folubles dans les menftrues appropriés, diftincts à l'œil.

GENRES DES MINÉRAUX.

I. SALIA. SELS EN CHRYSTAUX.

13. NITRUM. Nitre. *Sel.* Athmofphérique, piquant, acide particulier.

 Chryftal. Prifme hexaedre, avec des pyramides hexaedres.

 Gout. Froid & piquant.

 Dans le feu. Fufible & détonnant.

14. NATRUM. Natron. *Sel* calcaire, un peu alkalin.

 Chryftal. Particulier, prifme tétraedre, à faces pentagonales, deux larges, deux

étroites , alternative-
ment verticales , ou
extrémités formant
deux plans paralle-
logrames.

Goût amer.

Dans le feu se liquefiant.

15. BORAX. Borax. *Sel.* Alkalin. (On doute
que ce soit un sel
naturel.)

Chrystal. Octaedre pris-
matique , deux pyra-
mides tronquées. (Les
Chrystaux différent
quelquefois.)

Goût doux.

Dans le feu se boursouflant
détonnant.

16. MURIA. Sel marin. *Sel* muriatique, Neutre.

Chrystal. Hexaedre ou
Cubique.

Goût fort.

Dans le feu pétillant.

17. ALUMEN. Alun. *Sel.* Terreux , acide.

Christal. Octaedre , con-
gulaire.

Goût Styptique.

Dans le feu écumant.

18. **Vitriolum.** Vitriol. *Sel.* Métallique ,
                             Acide terreux.
                             Chriſtal. Rhombes po·
                             lyedres, mais ſujets
                             à variation.
                             Goût ſtyptique.
                             Dans le feu calcinable.

II. SULPHURA. Souffres.

Subſtances inflammables.

19. **Ambra.** Ambre gris. *Souffre* inert.
                             Fumée , odeur d'Am-
                             broiſie.
                             Couleur griſe.
20. **Succinum.** Ambre. *Souffre* inert.
                             Fumée, odeur douce.
                             Couleur brune.
21. **Bitumen.** Bitume. *Souffre* inert.
                             Fumée , odeur dé-
                             ſagréable.
                             Couleur noire.
22. **Pyrites.** Souffre. *Souffre* chargé de vi-
                             triol.
                             Fumée, odeur piquante
                             & acide.
                             Goût ſalé
                             Couleur jaune.

Soluble dans l'huile.

23. ARSENICUM. Arſenic. *Souffre* métallique.

Fumée, odeur d'ail.

Goût doux.

Couleur blanche.

Soluble dans l'eau chaude & dans d'autres liqueurs.

III. METALLA. MÉTAUX.

a. Demi métaux non malleables.

24. HYDRARGYRUM. Mercure. *Métal.* Fluide, ſec blanc.

Dans le feu ſe volatiliſe avant l'ignition.

Solution dans l'acide nitreux, blanche.

25. MOLYBDÊNE. Molybdêne. *Métal.* Infuſible, gris colorant les doigts. (C'eſt à peine un métal.)

Dans le feu infuſible : *ſolution.....*

Verre d'une couleur un peu ferrugineuſe.

26. STIBIUM. Antimoine. *Métal.* Friable, blanc, fibreux.

Dans le feu se volati-
lise après l'ignition.

Solution dans l'acide nitreux blanche.

Verre rouge avec une
teinte de jaune.

27. ZINCUM. Zinc. *Métal* un peu malleable
mais qui se brise aisé-
ment, d'un blanc
bleuâtre.

Dans le feu se lique-
fiant avant l'ignition,
& brulant avec une
flamme d'un vert jau-
nâtre, & devenant une
chaux blanche.

Solution dans l'eau forte
blanche.

28. VISMUTUM. Bismuth. *Métal* un peu malleable, mais très-
fragile, lamineux,
d'un blanc jaunâ-
tre.

Dans le feu, fusible
avant l'ignition.

Solution dans l'eau
forte, eau colorée,
jaune dans l'eau
royale.

Verre d'un brun jaunâtre.

29. COBALTUM. Cobalt. *Métal* fragile, légérement gris.

Dans le feu infusible.

Solution dans l'eau forte, & dans l'eau royale, rouge.

Verre bleu.

b. Métaux malleables.

30. STANNUM. Etain. *Métal* facilement malleable, blanc, criant quand on le casse,

Dans le feu, fusible avant l'ignition.

Solution; dans l'eau royale, jaune. L'étain se dissout dans l'eau forte & s'y précipite en une poudre blanche.

Verre blanc, couleur d'opale, difficile à obtenir.

31. **PLUMBUM.** Plomb. *Métal* aifément mal-léable, d'un blanc bleuâtre, infonore.

Dans le feu, fufible avant l'ignition.

Solution dans l'acide nitreux, la liqueur un peu colorée.

Précipité blanc.

Verre jaune.

32. **FERRUM.** Fer. *Métal* dur & difficilement malléable d'un gris bleuâtre, obfcur, fonore.

Dans le feu. Fufible après l'incandefcence, & jettant des étincelles dans un feu violent.

Solution dans l'eau forte, brune.

Verre brun, avec une legere teinte verdâtre.

33. **CUPRUM.** Cuivre. *Métal* dur, malleable rouge, fonore.

Dans le feu, fusible après l'incandescence, flamme verte.

Solution dans l'eau forte, bleue dans l'eau royale, verte dans les acides végétaux.

33. **ARGENTUM.** **Argent.** *Métal.* Malléable, d'un bleu brillant, sonore, parfait indestructible.

Dans le feu, fusible après l'incandescence.

Solution dans l'eau forte, blanche.

Verre opale.

35. **AURUM.** **Or.** *Métal* très-malléable, jaune, parfait, indestructible.

Dans le feu. Fusible après l'incandescence, avec une couleur bleue.

Solution. Dans l'eau royale jaune.

Verre. Pourpre.

E S P E C E S   D E S   M I N É R A U X.

Les Minéraux font divifés en trois ordres.

I. S A L I A. Sels ou Chryftaux.

13. Nitrum. Nitre. 9 efpeces.

a. Salin.

1. Nativum. *Nitre natif, Salpêtre natif.*

b. Quartzeux.

2. Chryftallus montana. *Chryftal de montagne,*
Chryftal de roche.
3. Fluor. *Chryftaux colorés*, dont les variétés
font *la véritable Hya-*
cinthe, les Topazes,
Rubis, Amethyfte,
Saphir, Béril, emé-
raude faux.

c. Calcaire.

5. Truncatum. *Tronqué.* Spath calcaire, octaedre, prifma-
tique, obliquement
tronqué.

14.

14. NATRUM. Natron. 14 efpeces.

a. Salin.

1. Antiquorum. *Alkali minéral natif.*
2. Murorum. *Natron des murs*, Salpêtre des
murs.
3. Fontanum. *Sel d'Epfum.*

6. Pierreux.

9. Selenites. *Selenite.*
13. Hyodon. *Spath piramidal*, ou dent de
chien.
15. BORAX. Borax. 6 efpeces.

a. Salin.

1. Tincal. *Tincal*, Borax natif.

b. Pierreux.

2. Gemma nobilis. *Borax pierreux, prifmatique,*
tranfparent, avec des
pyramides tronquées,
Topaze jaune ; vert
pâle, Chryfolithe ; vert
de mer, Beryl ; vert
foncé, émeraude.
3. Bafaltes. *Schorl.*
4. Electricus. *Electrique*, *Tourmaline.*

P.

5. Granatus. *Grenat.*

16. MURIA. Sel marin. 9 efpeces.

a. Salin.

1. Marina. *Sel commun, Sel de cuifine.*
3. Montana. *Sel foffile, Sel gemme.*

b. Pierreux.

6. Phofphorea. *Phofphorique, Pierre de Bou-
logne.*
7. Chryfolampis. *Fluor fpathique.*

17. ALUMEN. Alun. 6 efpeces.

a. Natif.

1. Nativum. *Alun natif, Alun de plume.*

b. foluble.

2. Commune. *Commun. Schite alumineux.*
3. Romanum. *Alun de Rome, Pierre calcaire
alumineufe.*

a. Pierreux.

5. Spathofum. *Alun fpathique ou fauffe Amethyfte.*

6. Gemma pretiofa. *Pierre gemme, Diamant,*
                    Rubis, Sapphir.

18. VITRIOLUM. Vitriol. 8 efpeces.

a. Simple.

1. Martis. *De Mars, de Fer.*
2. Cyprinum. *De Cuivre.*
3. Album. *Blanc de Zinc.*

6. Compofé.

5. Triplum. *Triple. Vitriol de Fer, de Zinc*
           & de Cuivre.
8. Atramentarium. *Vitriol minéralisé avec une*
                  pierre friable, tels font
                  le Chalcite, le Miſy
                  &c.

c. Pierreux.

Tetraedrum. Tetraedre. *Vitriol ſpatheux de*
                       Zinc.

11. SULPHURA. Souffres. Subſtances inflam-
                       mables.

19. AMBRA. Ambre. 2 efpeces.

1. Ambrofiaca. *Gris.*

2. Vulgatior. *Brun.*

20. SUCCINUM. Succin.

1. Electricum. *Electrique. Ambre diaphane, opaque, blanc, jaune ou brun.*

21. BITUMEN. Bitume. 10 especes.

1. Naphta. *Naphte.*
2. Petroleum. *Petrole.*
3. Maltha. *Malthe. Poix judaïque.*
5. Asphaltum. *Asphalte.*
7. Lithantrax. *Charbon de pierre commun ou Bitume schiteux.*
8. Gagas. *Jayet.*
9. Suillum. *Bitume calcaire fetide, compacte granulé, écailleux, spathiforme, Crystallin, Pierre de Porc.*

22. PYRITES. Pyrites. 7 especes.

1. Nativum. *Souffre natif.*
2. Auripigmentum. *Orpiment.*
3. Chrystallinus. *Pyrite crystallisée, Marcassite.*
4. Figuratus. *Pyrite figurée.*

5. Ferri. *Pyrites de fer.*
6. Cupri. *Pyrites de cuivre.*

23. ARSENICUM. Arfenic. 8 efpeces.

1. Teftaceum. *Arfenic folide, teftacé.*
4. Sandaraca. *Arfenic rouge minéralifé par le foufre.*
5. Sulphuratum. *Murcaffite arfenicale.*
6. Albicans. *Arfenic minéralifé avec le fer.*

III. METALLA. MÉTAUX.

24. HYDRARGYRUM. Mercure. 5 efpeces.

1. Virgineum. *Mercure natif.*
2. Cryftallifatum. *Mercure cryftallifé, cu-bique.*
3. Cinnabaris. *Cinabre, Mercure cryftalifé, lamelleux, granuleux.*

25. MOLYBDÆNUM. Molybdene. 3 efpeces.

1. Plumbago. *Mica des peintres, mine de plomb.*
2. Magnefia. *Magnefie noire.*
3. Spuma lupi. *Wolfram.*

25. STIBIUM. Antimoine. 4 efpeces.

1. Nativum. *Regule d'antimoine natif.*

2. Cryſtallinum. *Antimoine cryſtallifé.*

3. Striatum. *Antimoine fibreux ou commun.*

4. Rubrum. *Antimoine rouge, mineralifé avec le foufre & l'arfenic.*

26. ZINCUM. Zinc. 8 efpeces.

1. Cryſtallifatum. *Zinc cryſtallifé.*

2. Mineralifatum. *Minéralifé avec le foufre, le fer & le plomb.*

4. Striatum. *Zinc fibreux.*

5. Calaminaris. *Calamine, Pierre de zinc, ou Zinc combiné avec une ochre martiale.*

8. Rapax. *Zinc rouge, couleur de foie.*

27. VISMUTUM. Bifmuth. 4 efpeces.

1. Nativum. *Bifmuth natif.*

2. Commune. *Bifmuth commun, minéralifé avec le foufre & l'arfenic.*

3. Martiale. *Bifmuth martial.*

4. Iners. *Bifmuth minéralifé avec le foufre feul.*

28. COBALTUM. Cobalt. 4 efpeces.

1. Cryſtallinum. *Cobalt cryſtalifé avec le foufre, l'arfenic & le fer.*

2. Arſenicale. *Cobalt minéraliſé avec l'arſenic & le fer.*

3. Pyriticoſum. *Cobalt pyriteux.*

30. STANNUM. Etain. 4 eſpeces.

1. Cryſtallinum. *Etain cryſtalliſé.*

3. Amorphum. *Pierre d'étain.*

4. Spatoſum. *Etain ſpatheux.*

31. PLUMBUM. Plomb. 10 eſpeces.

1. Nativum. *Plomb natif.*

2. Cryſtallinum. *Plomb cubique, cryſtalliſé.*

3. Galena. *Galene, plomb cubique, minéraliſé avec le ſoufre & l'argent.*

5. Stibiatum. *Mine de plomb ſtibié*, avec l'argent & l'antimoine.

7. Virens. *Mine de plomb vert, plomb arſénical.*

9. Spatoſum. *Mine de plomb ſpatheux & arſénical.*

32. FERRUM. Fer.

a. Nud.

1. Nativum. *Fer natif en grains.*

b. Cryſtalliſé.

2. Teſſellare. *Fer cryſtalliſé.*

c. Attirable à l'aimant.

10. Commune. *Mine de fer commune.*
11. Molle. *Mine de fer pyriteufe.*
12. Talcofum. *Mine de fer talkeufe.*
13. Calcarium. *Mine de fer calcaire.*
17. Smiris. *Emery.*

d. Non attirable à l'Aimant.

18. Micaceum. *Mine de fer rouge micacée.*
22. Hæmatites. *Hæmatite.*
23. Rubricofum. *Hæmatite rouge.*
26. Spatofum. *Mine de fer fpathique.*

e. Magnétique.

27. Magnes. *Aimant.*

33. CUPRUM. Cuivre. 16 efpeces.

1. Præcipitatum. *Cuivre précipité fur le fer.*
2. Nativum. *Cuivre natif.*
3. Cryftallifatum. *Cuivre cryftallifé, Cuivre octaedre.*
4. Fulvum. *Mine de cuivre, d'un vert jaunâtre, pyriteufe.*
5. Purpureum. *Mine de cuivre Pourpre, pyriteufe.*

6. Vitratum. *Mine de cuivre liſſe, griſe, pyriteuſe.*

8. Albidum. *Mine de cuivre pyriteuſe, arſénicale, blanche.*

9. Rubrum. *Mine de cuivre rouge, ochracée, endurcie, quelquefois couleur de foie.*

10. Cotaceum. *Mine de cuivre ochracée, ſabloneuſe.*

11. Schiſtoſum. *Cuivre ſchiſteux, vert & bleu.*

12. Lazuli. *Lapis Lazuli.* Peut-être mêlé d'argent & de cuivre.

14. Armenus. *Pierre d'Armenie.*

15. Malachites. *Malachite Gypſeuſe.*

16. Nickelum. *Nickel, ou Cuivre minéraliſé avec le ſoufre, l'arſenic & le fer.*

34. ARGENTUM. Argent. 9 eſpeces.

1. Nativum. *Argent natif, ſous diverſes formes.*

2. Corneum. *Mine d'argent cornée, brillante, un peu malléable, quelquefois diaphane, minéraliſée avec le ſoufre & l'arſenic.*

3. Vitreum. *Argent vitreux. Mine d'argent vitreux, Mine d'argent mal-*

léable, couleur de plomb, minéralifé avec le foufre.

4. Rubrum. *Mine d'argent rouge, minéralifé
avec le foufre & l'arfenic.*

5. Album. *Mine d'argent blanche, minéralifé
avec l'arfenic, le cuivre & le
foufre.*

6. Cinereum. *Mine d'argent grife, minéralifé
avec le foufre, l'antimoine, le
cuiv·e & le fer.*

7. Arfenicale. *Mine d'argent, minéralifé avec
l'arfenic & le fer.*

8. Zincofum. *Mine d'argent, minéralifé avec
le foufre & le Zinc.*

9. Nigrum. *Mine d'argent fuligineufe, minéralifé avec l'arfenic & le
cuivre.*

35. AURUM. Or.

1. Nativum. *Natif.* fous différentes formes.

a. Membraneux.

b.   Solide.

c.   Cryftallifé.

On trouve auffi l'Or engagé dans le quartz,
le talc, le cinnabre, & en grain dans les rivieres,
on le nomme alors poudre d'or.

2. **Mineralisatum.** *Minéralisé, pyriteux.*

CLASSE III. FOSSILIA. Fossiles.

Corps foſſiles qui doivent leur orignine aux différentes modifications des ſubſtances précédentes.

Ordre I. **Petrificata.** *Pétrifications.* Corps foſſiles, qui offrent la figure d'animaux ou de végetaux pétrifiés entierement ou en partie.

Il y a pluſieurs ſortés de petrifications.

1. Les véritables pétrifications ſont celles qui conſervent la texture & les parties organiques des corps entierement remplis d'un ſuc lapidifique, calcaire, ſiliceux, & aſſez ſouvent pyriteux.

2. Corps conſervés ſans altération & qui n'ont preſque perdu que le gluten animal.

3. Corps ſeulement incruſtés d'une matiere ſtalactique ou calcaire.

4. Impreſſions de ces corps dans un état de molleſſe.

ORDRE II. CONCRETA. Concrétions.

Conglutinations de différentes sortes de Terre.

La différence spécifique des Concrétions, se tire des substances qui entrent dans leur composition & qui sont ochracées, calcaires, gypseuses, spathiques, argilleuses, sabloneuses, &c.

GENRES DES FOSSILES.

I. PETRIFCATA. Pétrifications.

II. CONCRETA. Concrétions.

III. TERRÆ. Terres.

50. OCHRA. Ochre. *Chaux* précipitée, terre de métaux.

       Particules, colorées, extrêmement petites.

51. ARENA. Sable. *Terre* : produite par l'eau.

       Particules distinctes, granulées, dures, anguleuses, que l'eau ne peut ni pénétrer ni agglutiner, insolubles dans les acides.

52. ARGILLA. Argille. *Terre* : produit du sédiment visqueux de la

mer.

　　Particules : irrégulieres, im-
　　palpables, douces, & qui
　　se polissent sous le doigt.
' *Dans l'eau*, devenant douce,
　　onctueuse, plastique,
　　c'est-à-dire facile à mo-
　　deler.
Dans le feu, résistant.

53. **CALX**. Chaux. *Terre*, origine animale.

　　Particules, seches, fari-
　　neuses, friables, colo-
　　rant les doigts, teignant
　　l'eau, solubles & effer-
　　vescentes dans les acides,
　　sur-tout quand elles sont
　　calcinées, ou brûlées.

54. **HUMUS**. Terreau. *Terre*, Origine végétale,
　　débris des végetaux.

　　Particules, seches, legeres,
　　sous la forme d'une
　　poudre fine.
　　Dans l'eau, se gonflant.
　　Dans le feu, combustibles
　　& laissant des cendres.

ESPECES DES FOSSILES.

Les Fossiles sont divisés en trois ordres.

I. PETRIFICATA. Pétrifications, Fossiles figurés.

36. ZOOLITHUS. Zoolithe, *Mammaux pétrifiés.*

1. Hominis. *Membres humains.*
2. Cervi. *Membres du Cerf, du Rene, de l'Elan.*
    V. Lowthorps Abridgment. Vol. II. p. 432.
3. Ebur fossile. *Yvoire fossile.*
4. Turcosa. *Turquoise.* Dents colorées par le cuivre.

37. ORNITHOLITHUS. Ornitholite. *Oiseaux & nids pétrifiés.*

Ce ne sont pour l'ordinaire que des incrustations Stalactiques.

38. AMPHIBIOLITHUS. Amphibiolithe. *Amphibies pétrifiés.*

1. Testudinis. *Squelette de Tortue.*
2. Ranæ. *de Crapaud.*
3. Lacertæ. *de Crocodille.*
4. Serpentis. *de Serpent.*
5. Nantis. *De diférentes espéces de nageurs.*

(Nantes) comme de Raye, de Lamproie, &c.

6. Gloſſopetra. *Gloſſopetres.* Dents de chiens de mer.

30. ICHTYOLITHUS. Ichtyolithe. *Poiſſons pétrifiés.*

1. Schiſti. *Squelettes entiers des différents genres* dans le Schiſte.
2. Marmoris. *Squelettes de différents genres* dans le marbre.
3. Bufonites. *Buffonite. Dents molaires* de l'Anarchicas. *Loup de mer.*

40. ENTOMOLITHUS. Entomolithe. *Inſectes pétrifiés.*

1. Cancri. *De Crabe, de Houmar.*
2. Paradoxus. *D'un inſecte inconnu,* peut-être un Monocle.
3. Succineus. *Inſectes enfermés dans le ſuccin,* ce ne ſont pas proprement des pétrifications.

41. HELMINTHOLITUS. *Vers pétrifiés.*

1. Hammonites. *Ammonite. Cornes d'Ammon de diverſes formes.*

2. Orthocerotes. *Orthocerolites.* Nautile, dont l'analogue vivant eft inconnu.

3. Conchidium. *Coquille à deux loges , inconnue ,* peut-être une Patelle.

4. Anomites. *Anomite.* Différentes Anomies , dont l'analogue vivant eft inconnu.

5. Hyfterolithes. *Hyfterolithe.* Pierre qui repréfente la partie naturelle de la femme, elle eft formée felon Linné par le moyen d'une efpece *d'Anomia,* voifine de *l'Anomia caput Serpentis.* Anomie, tête de Serpent.

6. Craniolaris. *Craniolaire.* Noyau de Coquille qui repréfente la forme d'un Crâne.

7. Gryphites. *Gryphytes.* Coquille bivalve, qui a quelque reffemblance avec la griffe d'un oifeau.

8. Judaicus. *Judaïque.* Pointes d'ourfins.

10. Echinites. *Echinites.* Ourfins.

14. Madreporus. *Madreporites.*

17. Entrochus. *Entroques.*

18. Afteria columnaris. *Afterie en colonne.* Pierre étoilée compofée d'une efpece

espece d'encrinite, dé-
couverte depuis peu dans
un état récent. V. Phil.
Tranf. V. 41. p. 357.

23. Belemnites, *Belemnite.*

42. PHYTOLITUS. Phytolithe. *Plantes*
pétrifiées.

1. Plantæ. *De Planté entiere* dans le charbon de
terre.
2. Filicis. *De Fougeres.* Dans des Schites.
3. Rhizolithe. *Rhizolithe.* Racines dans le Marbre.
4. Lithoxylon. *Lithoxyle.* Bois dans différens
états, de Pierre calcaire,
de Silex, d'Agathe, &c. &c.
5. Folii. *De Feuilles.* Dans le Schite ou dans
le Marbre.
6. Antholithus. *Antholite.* De Fleurs dans le
Schite; ces Fleurs reffem-
blent à des Fleurs de *Pha-*
laris, ou Bled de Cana-
rie.
7. Carpolithus. *Carpolithe.* Fruit dans le charbon de terre; ces Fruits
font pour l'ordinaire des
Cônes de pins, des
Noix, &c.

43. GRAPTOLITHUS. Graptolithe. *Pierre figurée,* ou qui reſſemble à des Tableaux.

2. Ruderalis. *Pierre de Florence.* Marbre en Schite, repréſentant des Ruines.

3. Dendrites. *Dendrite.* Pierre repréſentant des Bois, des Payſages : produit de quelque diſſolution vitriolique, inſinuée entre deux lames de Schite ou de Marbre ; l'on imite aujourd'hui parfaitement ce procédé de la nature.

II. CONCRETA. CONCRETIONS.

44. CALCULUS. Calcul. *Concretion animale.*

1. Urinarius. *Urinaire.* Pierre de la veſſie ou des reins.

2. Salivalis. *Salivaire.* Tartre des dents.

3. Tracheæ. *Des Poumons.*

4. Bezoar. *Bezoar.* Pierre formée dans l'*abomazus*, ou quatriéme eſtomac des animaux ruminants.

5. Ægagropila. *Ægagropile.* Boule de poils

formée dans le premier eſtomac.

6. Felleus. *Pierre du fiel.*
7. Margarita. *Perle.*
8. Oculus Cancri. *Yeux d'Ecreviſſe.* Pierres qui ſe trouvent dans les Ecreviſſes.

45. TARTARUS. Tartre. *Concretion végétale.*

1. Fæx. *Tartre de la bierre.*
2. Vini. *Tartre du vin.*

46. ÆTITES. Ætite. *Concretion dans les cavités des Pierres.*

a. Ætites véritables, ayant un noyau libre.

1. Geodes. *Geode.* Pierres qui a un noyau terreux.
2. Aquilinus, *Pierre d'Aigle.* Pierre ayant un noyau pierreux.

b. Ætites bâtardes.

3. Hæmachates. *Hæmagathe.* Ætite de caillou, avec un noyau fixe de cryſtal ou quartz tranſparent, Melon du Mont-Carmel.

4. Marmoreus. *Ætite de Marbre* renfermant des
aiguilles.

5. Cretaceus. *Ætite contenant des cryſtaux
de Fluors.*

47. PUMEX. Ponce. *Concretion cauſée par
le feu.*

1. Vulcani. *De Volcan.* Pierre ponce de Schite noir.

2. Ferri. *De Fer.* Pierre ponce blanche , de
Fourneaux de fer.

3. Cupri. *Pierre ponce de cuivre rouge.*

4. Fuligo. *Suie.*

5. Cinerarius. *Cendre de Volcan.*

6. Molaris. *Pierre ponce en forme de caillou.*

7. Vitreus. *Pierre ponce vitrifiée ,* ou Agathe
noire & verte d'Irlande.

48. STALACTITES. Stalactite. *Concretion
par le moyen de l'air.*

1. Incrutaſtum. *Incruſtation.* Végétaux incruſtés.

2. Stillatitius. *Stalactite non ſolide.*

3. Solidus. *Marbre de Stalactite ſolide.*

4. Flos. Ferri. *Stalactite ramifiée.*

7. Spatoſus. *Stalactite ſolide ſpatheuſe.*

9. Quartzoſus. *Stalactite quartzeuſe.*

10. Pyriticofus. *Stalactite pyriteufe.*
11. Plumbiferus. *Stalactite plumbifere.*
12. Zéolithus. *Zéolithe.* Stalactite rouge, fpatheufe.

49. TOPHUS. Tuf. *Concrétion au moyen de l'eau.*

a. *Tophi metallici.* Tufs métalliques.

1. Ludus. *Tuf marneux.*
2. Pertufus. *Tuf marneux ou ochracé tubulé.*
3. Marinus. *Tuf des bords de la mer*, fabloneux & ochracé.
5. Tubalcaini. *Tuf d'ochre de fer*, fous différente forme.

b. *Simplices.* Tufs fimples.

10. Aluminaris. *Tuf alumineux.*
12. Lebetinus. *Concrétion des marmites.*
14. Oolithus. *Oolithe.* Pierre en forme de femence de pois.
16. Ofteocolla. *Ofteocolle.* Tubes calcaires, V. tranf. Phil. 1745, p. 378.
21. Lenticularis. *Pierre lenticulaire.* Tuf Schiteux, noir, folide.

III. TERRÆ. TERRES.

50. OCHRES. Terres de métaux. 15 especes.

a. *Pulvereæ.* Poussieres.

1. Ferri. *Ochre de fer.*
3. Æris. *Ochre verte de cuivre.*
4. Cupri. *Ochre bleue de cuivre.*
7. Plumbi. *Ceruse native.*
8. Cobalti. *Ochre de cobalt.*

b. Ochre germinente, ou à barbes rapprochées.

12. Cuprigo. *Cuivre bleu en plume.*
13. Stibigo. *Fleurs d'antimoine.*
14. Argentigo. *Ochre d'argent en plume*, avec de l'antimoine sulphureux & de l'arsenic.

51. ARENA. Sable. 14 especes.

1. Mobilis. *Sable mouvant.*
2. Colorata. *Sable coloré.*
6. Glarea. *Sable des fondeurs.*
9. Sabulum. *Sable commun.*
11. Micacea. *Sable micacé.*
12. Aurea. *Sable d'or.*
13. Ferrea. *Sable de fer.*
14. Silicea. *Sable siliceux.*

52. ARGILLA. Argille , Marne , &c.
21 efpeces.

a. *Simplices* Simples.

1. Apyra. *Apyre.* Terre à porcelaine.
2. Leucargilla. *Argille blanche.* Terre à pipe.
3. Porcellana. *Terre à porcelaine de la Chine.*
6. Lemnia. *Terre de Lemnos.*
7. Fullonica. *Terre à foulon.*
8. Tripolitana. *Tripoli.*
9. Communis. *Argille commune.*
10. Figulina. *Argille à potier.*
13. Bolus. *Bols de différentes couleurs.*

b. *Mixtæ.* Mélangées.

15. Tumefcens. *Argille intumefcente.*
17. Marga. *Marne.*
18. Umbra. *Terre d'Ombre.*
19. Nilotica. *Marne du Nil.*

5. CALX. Chaux. 9 efpeces.

a. Soluble dans les acides.

1. Creta. *Craie.*
2. Marmorea. *Chaux de marbre.*
3. Conchacea. *Chaux de coquilles.*

b. Fixes, infolubles dans les acides.

5. Paluftris. *Agaric minéral.*
6. Gur. *Lait de lune.*

 c. Areniformes, *granulatæ*, en forme de
   fable, *granuleufes.*

7. Alabaftrina. *Chaux d'albâtre.*
8. Teftudinea. *Chaux en fable foluble de l'île
     de l'Afcenfion.*
9. Lenticularis. *Chaux lenticulaire*, en grains.

 54. HUMUS. Humus. Terreau, 14 efpeces.

1. Dædalea. *Terreau végétal impalpable.*
2. Ruralis. *Terreau végétal commun.*
3. Pauperata. *Terreau végétal pauvre.*
4. Effervefcens. *Terreau fpongieux des marais.*
5. Alpina. *Terre des Alpes.*
6. Turfa. *Tourbe.*
7. Lutum. *Boue des marais.*
10 Damafcena. *Terreau rouge.*
14. Animalis. *Terreau animal.*

Cette méthode des minéraux eft fuivie de
planches qui repréfentent les fels & les autres
cryftaux, accompagnés de defcriptions
méthodiques de leurs figures, & de ren-

vois à la place qu'ils occupent dans l'ouvrage même.

GENERA MOBORUM. GENRES
DES MALADIES.

Nous devons à préfent confidérer Linné fous un autre point de vue, toujours cependant relatif à fon état de profeffeur. Nous avons déjà obfervé qu'après fon établiffement à Upfal, il avoit donné un cours fur la diagnoftique des maladies, *Diagnofts morborum*, qu'il en avoit dreffé un fyftême comme pour l'Hiftoire Naturelle, & qu'elles y étoient diftribuées en claffes, ordres, genres, &c. établis feulement fur les fymptômes, fans avoir égard à leurs caufes éloignées ou prochaines.

Avant d'examiner en détail la méthode imaginée par Linné pour la claffification des maladies ; on doit obferver que les plus grands médecins défiroient depuis long-temps une nofologie dreffée d'après ce plan, dont le grand objet eft de fixer les fignes pathognomoniques de chaque maladie. Baglivi, Boerhaave, Gorter, Gaubius & Sydenham avoient tous témoignés combien un pareil ouvrage feroit utile, & voici comment le dernier d'entre eux s'exprime fur ce fujet dans la préface de fes ouvrages. — *Ex-*

pedit ut morbi omnes ad definitas & certas species revocentur, eadem prorsus diligentia ac ἀκρίβεια *qua id factum videmus à botanicis scriptoribus in suis phytologiis.* — Il seroit utile que toutes les maladies fussent réduites à des especes certaines & bien caractérisées, avec la même exactitude que les écrivains botanistes ont apportée dans leurs écrits sur les plantes.

Il est certain qu'il est très-difficile parmi cette variété & cette complication des signes qui accompagnent les maladies, de distinguer les caracteres suffisants pour déterminer avec exactitude & les genres & les especes ; cette difficulté est même dans quelques circonstances insurmontable , c'est ce qui fait que plusieurs savants médecins ont rejetté ces classifications comme futiles & impratiquables ; cependant quelques autres n'ont pas été découragés & surtout ceux que leurs fonctions de professeurs forçoient à rechercher les rudiments de l'art , & à qui une méthode quelle qu'elle soit est absolument nécessaire.

Les auteurs de méthodes ont pris des routes différentes. Les uns ont adopté l'ordre alphabétique ; si cet ordre peut mériter le nom de méthode. D'autres d'après l'exemple d'Aretée & de Cœlius Aurilien ont divisé les maladies d'après leur durée en aigues & chroniques.

D'autres ont choifis l'ordre anatomique qui doit fouvent caufer des erreurs, parce qu'il fuppofe une connoiffance exacte du fiege de la maladie, & qu'on ne peut pas toujours avoir cette connoiffance ; la méthode de Sennert en eft un exemple.

Cependant la méthode Étiologique a été adoptée par les meilleurs auteurs modernes, tels que Hoffmann, Boerhaave, quoiqu'elle foit fouvent auffi trompeufe que la méthode anatomique, puifqu'elle n'a dans beaucoup de circonftances, d'autre bafe que l'hypothefe de l'écrivain.

Felix Platere dans fa *Praxis medica*, Pratique de médecine, publiée en 1602, a donné une idée imparfaite d'un fyftême de nofologie d'après la méthode fymptomatique ; cependant aucun auteur n'avoit ofé reprendre cette idée depuis plus de cent ans ; la difficulté de l'entreprife caufoit fans doute ce découragement. Enfin M. Sauvages, profeffeur à Montpellier, après avoir communiqué fon plan à Boerhaave, publia en 1731, l'Efquiffe, d'un ouvrage, ayant pour titre *nouvelles claffes des maladies*. Il y effaie de les décrire feulement d'après leurs fymptômes conftans & évidents. En 1763, il augmenta cet ouvrage par la définition des efpeces de chaque genre ; il parut

alors en 5 vol. *in-8°*. Sauvages employa toute
fa vie à chercher les moyens de donner à fon
fyftême un certain dégré de perfection, & il fut
publié après fa mort en 1768 en 2 vol. *in-4°*.
Cet ouvrage eft dans les mains de tous les
médecins.

On préfume aifément qu'un travail de cette
nature étoit trop dans le genre de Linné pour
qu'il le négligeât. En effet il compofa une
fuite d'élémens fous le titre de *Genera morborum*, Genres des maladies, & en fit la bafe de
fes leçons. Il ne les publia pour la premiere fois
qu'en 1759, fous la forme d'une thefe, mais il
les dictoit depuis 10 ans dans fa claffe. Il le réimprima en 1763.

La méthode fymptomatique a été fuivie depuis par plufieurs profeffeurs. Le docteur Vogel
de Goettingue, publia en 1764, fes *Definitiones.
generum morborum.*——Définitions des genres des
maladies, —— & le docteur Cullen qui proteffe
actuellement la médecine pratique à Edin-
bourg, a publié une *Synopfis nofologiæ me-
thodicæ*, Tableau d'une nofologie méthodique,
& il en a fait la bafe de fes élémens de pratique.

En 1776 le docteur Sagar médecin à Iglaw
en Moravie, a publié un *Syftema morborum fymp·
somaticum.* Syftême fymptomatique des maladies.

Vienne, *in* 8º *p.* 756. Cet ouvrage peut être regardé comme un bon abregé de la méthode de Sauvages à laquelle il a fait quelques changements & quelques additions.

Le docteur Cullen en a omis quelques genres & en a réduit d'autres au rang d'efpeces ; il n'a confervé que la moitié des genres des auteurs précédents. Il a joint aux fiens ceux des quatre auteurs dont j'ai parlé, afin qu'on pût comparer leur merite, & juger de l'utilité du plan, qui offre un vafte champ à cultiver.

Nous devons préfenter un apperçu général de la méthode de Linné. Quoique nous ne puiffions pas donner des définitions étendues, il fera pourtant néceffaire de faire l'énumération des noms de tous fes genres, puifque l'on ne peut fe former une idée de fon fyftême qu'en voyant tout l'enfemble. Nous obferverons dans chaque claffe en quoi Linné differe de Sauvages, & nous remarquerons les changemens que le docteur Cullen a fait à la difpofition de chaque genre.

Linné dans fa claffification des maladies, avoit prefque confervé la difpofition de Sauvages, quoiqu'il eut changé les noms & établi une claffe nouvelle qui commence fon fyftême, celles des *exanthémathiques* & des fievres accompagnées d'éruptions. Cette claſſe ne forme qu'un ordre ou ſous diviſion de claſſe dans les ſyſtèmes de Sauvages & de Cullen. Linné a auſſi changé l'ordre des claſſes & placé les *Vitia*, ou maux locaux extérieurs, qui appartiennent eſſentiellement à la chirurgie à la fin de ſon ſyſtême. Il a été ſuivi en cela par deux noſologiſtes, Vogel & Cuilen.

La diſtribution des claſſes n'eſt cependant pas l'objet principal. Le véritable eſt de caractériſer les genres & les eſpeces, c'eſt le but de chaque ſyſtême, & le moyen le plus ſûr pour y parvenir eſt de réduire leur nombre.

Cl. I. EXANTHEMATICI. Fievres accompagnées d'éruption à la peau.

1. CONTAGIOSI. Contagieuſes.

1. Morta. *Fievre veſiculaire.*
2. Peſtis. *Peſte.*
3. Variola. *Petite vérole.*
4. Rubeola. *Rougeole.*
5. Petechia. *Pétéchie.*
6. Siphylis. *Mal vénérien.*

2. SPORADICI. Sporadiques, non contagieuſes.

7. Miliaria. *Fievre miliaire.*
8. Uredo. *Fievre urticaire.*
9. Aphtha. *Aphte.*

3. **Solitarii.** N'affectant qu'une partie du corps.

10. Erefipelas. *Érefipele.*

Comme les maladies de cette claffe font compofées de fievre & d'éruption, le genre eft défini par chacune de ces deux chofes. Ainfi, la *Variola*, Petite Vérole eft ainfi définie. —— Maladie accompagnée de puftules de nature fuppurative, érefypelateufe & efcharotique, qui fe fechent enfuite & laiffent une cicatrice ; d'une fievre ardente & maligne, avec des maux de tête & de reins. —— Le mot *Puftula*, Puftule & les autres qui dans cette claffe expriment les différentes fortes d'éruptions, ont leur définition dans un autre endroit du fyftême. Dans la *Morta* on les appelle *Phlyctenæ*, Phlytenes, dans la pefte *Anthraces*, charbons ou bubons, dans la petite vérole, *Puftulæ*, Puftules ; dans la rougeole, *Papulæ*, dans la Petechie, *Ludamina.*

Cette claffe contient le premier ordre des PHLEGMASIÆ de Sauvage, & le troifieme des PYREXIÆ de Cullen. Les genres font à peu près les mêmes, excepté que la *Morta* de Linné eft le *Pemphigus* de ces auteurs ; la *Petechia* n'eft regardée par le docteur Cullen que comme un fymptôme.

Linné eſt le ſeul qui place la *Siphylis* mal vénérien parmi les fievres exanthématiques ; il s'eſt cru aſſez juſtifié, parce que quand cette maladie eſt avancée elle eſt accompagnée de fievres & d'éruptions ; on doit cependant la ranger certainement parmi les IMPETIGNES.

Cl. II. CRITICI. Fievres critiques.

1. CONTINENTES. Fievres continentes.

11. Diaria. *Fievre éphemere.*
12. Synocha. *Fievre ſynoque ſimple.*
13. Synochus. *Fievre ſynoque maligne.*
14. Lenta. *Fievre lente.*

2. INTERMITTENTES. Fievre intermittentes.

15. Quotidiana. *Fievre quotidiene.*
16. Tertiana. *Fievre tierce.*
17. Quartana. *Fievre quarte.*
18. Duplicana. *Fievre double tierce.*
19. Errana. *Fievre erratique.*

3. EXACERBANTES. Fievres remittentes.

20. Amphimerina. *Fievre continue quotidiene.*
21. Tritæus. *Fievre continue tierce.*
22. Tetartophya. *Fievre continue quarte.*

23. Hæmitritæa. *Fievre hémitritée ou demi-tierce.*
24. Hectica. *Fievre Hectique.*

Les genres des CONTINENTES, Fievres continues, sont déterminés d'après la différence de leur durée.

Ceux des INTERMITTENTES, Fievres intermittentes, le sont d'après la durée des intermittences.

Les EXACERBANTES, Fievres rèmittentes, sont supposées être composées des genres des deux ordres précédents & ont leurs caracteres réunis.

Linné regarde la fievre tierce comme l'origine de toutes les fievres critiques; il a imité Sauvages dans sa division; il n'a pas été suivi par le docteur Cullen qui nie l'existence des fievres continues, & qui a beaucoup simplifié cette division en réduisant toutes les fievres critiques à six genres seulement, il ne regarde la ñevre Hectique que comme un symptôme.

Cl. III. PHLOGISTICI. Inflammations.

1. MEMBRANACEI. Inflammations des membranes.

25. Phrenitis. *Phrenesie.* Inflammation des membranes du cerveau.

R

26. Paraphrenitris. *Paraphenefie.* Inflammation du diaphragme.

27. Pleuritis. *Pleuréfie.*

28. Gaftritis. *Gaftritis.* Inflammation de l'eftomac.

29. Enteritis. *Enteritis.* Inflammation des inteftins.

30. Proctitis. *Inflammation de l'anus.*

31. Lyftitis. *Inflammation de la veffie.*

2. PARENCHYMATICI. Inflammations des vifceres.

32. Sphacelifmus. *Inflammation du cerveau.*

33. Cynanche. *Efquinancie.*

34. Peripneumonia. *Peripneumonie.* Inflammation des poumons.

35. Hepatitis. *Hepatitis.* Inflammation du Foie.

36. Splenitis. *Splenitis.* Inflammation de la rate.

37. Nephritis. *Nephritis.* Inflammation des reins.

38. Hyfteritis. *Hyfteritis.* Inflammation de la matrice.

3. MUSCULOSI. Inflammations mufculaires, ou externes.

39. Phlegmone. *Inflammation d'une partie externe.*

Linné définit le Phlegmon une tumeur d'une partie, accompagnée de fievre, de chaleur, & de rougeur; il pense que cette définition peut donner l'idée de toutes les inflammations internes.

Le caractere générique dans la classe des inflammations, *Phlogistici*, est tiré non seulement de la partie qui est regardée comme le siege du mal, mais du genre de la fievre qui l'accompagne; ainsi il définit *l'Hepatitis*, l'inflammation du foie, une *Amphimerina*, —— fievre continue quotidiene; —— accompagnée d'une difficulté de respirer, d'une toux sans expectoration, d'un hoquet, & d'un sentiment de chaleur & de tension à l'hypocondre droit, —— la *Nephritis*, inflammation des reins est un *Synochus*, —— fievre maligne, —— accompagnée de nausées, de hoquet, d'éructation, de constipation, de chaleur dans les jambes, & d'engourdissement dans les cuisses.

Linné a suivi Sauvages en divisant les maladies de cette classe en *membranacei*, inflammations des membranes, & en *Perenchymatici*, inflammations des visceres. Cette division a été négligée par le docteur Cullen, à cause de la difficulté de déterminer le siege de l'inflammation.

Sauvages range le *Phlegmone* parmi les VITIA, parce qu'il est externe. Le docteur Cullen lui donne la premiere place dans l'ordre des PHLEGMASIÆ ; il a réduit les 13 genres de Linné & les 12 de Sauvages au rang d'efpeces fous le nom de *Phlogofis* ; il y a joint encore les abfcès, Puftules, Gangrene & Sphacele , qu'il ne regarde que comme les effets de la *Phlogofis*, & qu'il croit ne devoir pas en être féparé . Ces nombreux exemples prouvent la difficulté de déterminer dans ces fortes de claffifications, ce qui doit être regardé comme genre ou comme efpece.

Cl. IV. DOLORES. Douleurs.

1. INTRINSECI. Douleurs internes.

40. Cephalalgia. *Cephalalgie.* Mal de tête.
41. Hemicrania. *Migraine.* Douleur d'un côté de la tête feulement.
42. Gravedo. *Douleur du devant de la tête.*
43. Ophtalmia. *Ophtalmie.* Mal des yeux.
44. Otalgia. *Otalgie.* Mal d'oreilles.
45. Odontalgia. *Odontalgie.* Mal des dents.
46. Angina. *Angina.* Douleur de l'entrée de la gorge.
47. Soda. *Soda.* Douleur brulante de la gorge avec des éructations rancides.

48. Cardialgia. *Cardialgie.* Maux de cœur.

49. Gaftrica. *Mal d'eftomac.*

50. Colica. *Colique.*

51. Hepatica. *Douleur de l'hypocondre droit.*

52. Splenica. *Douleur de l'hypocondre gauche.*

53. Pleuritica. *Mal de côté.*

54. Pneumonica. *Poids fur la poitrine.*

55. Hyfteralgia. *Douleur de la matrice.*

56. Nephritica. *Douleur des reins.*

57. Dyfuria. *Douleur de la veffie.*

58. Pudendagra. *Douleur des parties de la gé-*
nération.

59. Proctica. *Douleur de l'anus.*

2. EXTRINSECI. Douleurs externes.

60. Arthritis. *Arthrite.*

61. Ofteocopus. *Ofteocope.* Douleur des os.

62. Rheumatifmus. *Rhumatifme.*

63. Volatica. *Douleurs volantes.*

64. Pruritus. *Prurit.* Demangaifon exceffive.

Linné ne met pas la fievre au rang des caracteres de ces genres, & il y a plufieurs de ces caracteres qu'il employe comme auxiliaires pour
la définition des autres genres.

Le docteur Sauvages a une claffe de cinq

ordres, fous le nom de DOLORES , Douleurs , difpofée d'après la méthode anatomique , plu-fieurs des genres précédents y font compris.

Le docteur Cullen n'ayant point fait une claffe des *dolores* , a été obligé de placer fes genres, dans les différentes partics de fon fyf-tême, mais il regarde le plus grand nombre comme des efpeces feulement ou des fymptômes. Il n'en a admis que trois comme genres parmi les PHLEGMASIA. Tels font l'Ophtalmie , l'Artrite & le Rhumatifme.

Cl. V. MENTALES. Mentales. Maladies de l'efprit.

1. IDEALES. Idéales , celles dans laquelle le jugement eft principalement affecté.

65. Delirium. *Délire.*
66. Paraphrofyne. *Délire paffager fans fievre.*
67. Amentia. *Démence.*
68. Mania. *Manie.*
69. Demonia. *Démonie.* Démence avec idée de poffeffion.
70. Vefania. *Démence tranquille & partielle,* ou fur un feul fujet.
71. Melancholia. *Mélancholie.*

2. IMAGINARII. Maladies de l'imagination.

72. Syringmos. *Son imaginaire dans les oreilles.*
73. Phantafma. *Vifion imaginaire.*
74. Vertigo. *Vertige.* Tournoyement imaginaire des objets.
75. Panophobie. *Crainte imaginaire du diable.*
76. Hypochondriafis. *Hipocondriacie.*
77. Somnambulifmus. *Somnambulifme.*

3. PATHETICI. Maladies des paffions.

78. Citta. *Envie de femme groffe.*
79. Bulimia. *Boulimie, faim canine.*
80. Polydipfia. *Soif exceffive.*
81. Satyriafis. *Satyriafis.*
82. Erotomania. *Erotomanie.* Maladie caufée par l'amour.
83. Noftalgia. *Noftalgie.* Maladie du pays.
84. Tarantifmus. *Tarentifme.* Maladie caufée par la piquure de la Tarentule.
85. Rabies. *Rage.*
86. Hydrophobia. *Hidrophobie.* Horreur de l'eau.
87. Cacofitia. *Averfion pour la nourriture.*
88. Antipathia. *Antipathie.*

R iv

89. Anxietas. *Anxieté.*

Les genres de cette claſſe qui répond aux VESANIÆ de Sauvages, ſont preſque les mémes que ceux de cet auteur.

Ils conſtituent le 4ᵉ ordre de la claſſe NEU-ROSES du docteur Cullen qui les a réduit à 4 genres.

Parmi les IDEALES de Linné, le docteur Cullen ne regarde que *l'Amentia*, *Mania* & *Melancholia*, comme des genres, dont le *Delirium* & le *Paraphroſyne* ne ſont que des ſymptômes. La *Demonia*, *Veſania* & *Panophobia*, ſont claſſés avec la *Melancholia*, ainſi que *l'Erotomania* & la *Noſtalgia* de la diviſion des PATHETICI de Linné. Il ne retient des autres genres que *l'Hydrophobia* & *l'Hypochondriaſis*, la premiere parmi les SPASMI, la derniere parmi les ADYNAMIÆ, le *Syrigmus*, & le *Phantaſma*, ſont rapportés aux LOCALES, & le *Somnambuliſmus*, à *l'Oneirodynia* dans l'ordre VESANIÆ, les *Citta* ou *Pica*, les *Polydipſia*, le *Satyriaſis*, & la *Bulimia* appartiennent auſſi aux LOCALES dans l'ordre de DYSO-REXIÆ. On doute avec raiſon de l'exiſtence du *Tarantiſmus*, & la rage *Rabiés*, ne peut guere être ſeparée de *l'Hydrophobia.*

Cl. VI, QUIETALES. Maladies dans lesquelles les mouvements volontaires & involontaires, & les sens éprouvent une diminution.

1. DEFECTIVI. Défaillances.

90. Lassitudo. *Lassitude.* Défaillances des muscles.
91. Languor. *Langueur.* Foiblesse de l'esprit.
92. Asthenia. *Défaillance extrême.*
93. Lypothymia. *Lypothymie.*
94. Syncope. *Syncope.*
95. Asphyxia. *Asphyxie.*

2. SOPOROSI. Maladies soporeuses.

96. Somnolentia. *Somnolence.*
97. Typhomania. *Typhomanie.* Le Coma vigil.
98. Lethargus. *Lethargie.*
99. Cataphora. *Coma.*
100. Carus. *Carus.*
101. Apoplexia. *Apoplexie.*
102. Paraplegia. *Paraplegie.* Paralysie de tous
les membres.
103. Hemiplegia. *Hemiplegie.* Paralysie d'un
côté du corps.
105. Stupor. *Stupeur.*

3. **PRIVATIVI**. Diminution des sens.

106. Morosis. *Morosis*. Diminution de l'esprit.
107. Oblivia. *Oubli*. Diminution de la mémoire.
108. Amblyopia. *Amblyopie*. Obscurcissement de la vue sans aucun défaut apparent dans l'organe.
109. Cataracta. *Cataracte*. Privation de la vue avec un défaut apparent dans l'organe.
110. Amaurosis. *Amaurosis*. Privation de vue sans défaut apparent dans l'organe.
111. Scotomia. *Aveuglement passager.*
112. Cophosis. *Surdité.*
113. Anosmia. *Défaut de l'odorat.*
114. Ageustia. *Défaut du goût.*
115. Aphonia. *Aphonie*. Défaut de la voix.
116. Anorexia. *Anorexie*. Défaut d'appétit.
118. Anæsthesia. *Anæsthesie*. Défaut de sensibilité.
119. Atecnia. *Impuissance.*
120. Atonia. *Atonie.*

Les maladies de cette claſſe répondent aſſez aux DEBILITATES de Sauvages & aux deux premiers ordres Defectivi & Soporosi, & aux Comata & Adynamiæ de la claſſe des NEUROSES du docteur Cullen.

Le docteur Cullen ne dit rien des trois premiers genres des Defectivi, il comprend les trois derniers ſous le nom de ſyncope.

Il met le *Curus* & la *Sophoria*, dans le genre *Apoplexia*; & il regarde les *Typhomania* & le *Lethargus* comme ſes ſymptômes. Il conſidere auſſi la *Paraplegia* & l'*Hemiplegia* comme différents dégrés d'une même maladie & les renferme ſous le nom de *Paralyſis*.

Les Privativi de Linné appartiennent au ſecond ordre des LOCALES de Cullen. Il rapporte le *Moroſis* & l'*Oblivio* à l'*Amentia*; il ne parle pas de la *Scotonia*; il appelle la *Cophoſis*, *Diſœcia*; il place l'*Anorexia*, dans ſon genre *Dyſpepſia* parmi les Adynamiæ. Il regarde l'Atonia comme une eſpece de *Paralyſie*; il réunit l'*Amblyopia* à l'*Amauroſis*, la *Cataracta* au *Caligo*; il conſerve aux genres *Anoſmia*, *Ageuſtia*, *Aphonia*, *Anoſoxia* & *Anæſtheſia*, leurs noms reſpectifs, & il donne à l'*Atecnia*, celui d'*Anaphrodiſia*.

Cl. VII. MOTORII. Maladies fpafmodiques, accompagnées de mouvements involontaires.

1. SPASTICI. Maladies fpaftiques ou toniques.

121. Spafmus. *Spafme.*

122. Priapifmus. *Priapifme.*

123. Borborygmi. *Borborygmes.* Murmure des Inteftins.

124. Trifmos. *Spafme des mâchoires.*

125. Sardiafis. *Rire fardonique.*

126. Hyfteria. *Affection hyftérique.*

127. Tetanos. *Tetanos.* Rigidité de l'épine du dos.

128. Catochus. *Rigidité du corps fans fenfibilité.*

129. Catalepfis. *Catalepfie.*

130 Agrypnia. *Agrypnie.* Pervigilium.

2. AGITATORII. Maladies convulfives.

131. Tremor. *Tremblement* fans friffon.

132. Palpitatio. *Palpitation du cœur.*

133. Orgafmus. *Orgafme.* Soubrefaut des Arteres.

134. Subfultus. *Pincement des tendons.*

135. Carpologia. *Carpologie.*

13 . Stridor. *Grincement des dents.*

137. Hippos. *Clignotement morbifique.*

138. Pſellifmus. *Bégayement.*

139. Chorea. *Danſe de ſaint Guy.*

140. Beriberi.

141. Rigor. *Tremblement avec friſſon.*

142. Convulſio. *Convulſion.*

143. Epilepſia. *Epilepſie.*

144. Hienaroſos. *Convulſion continue ſans dou-*
leur, ou perte de ſenſi-
bilité.

145. Raphania. *Raphanie.* Contraction ſpaſmo-
dique des membres ſans con-
vulſions & ſans douleurs.

Les maladies de cette claſſe repondent à une de Sauvages, appellée SPASMI, excepté le *Borborygmus* & l'*Agrypnia.* Cette derniere eſt rapportée aux VESANIÆ, ANOMALES. Il regarde auſſi le *Sardiaſis* & le *Stridor* de Linné comme des eſpeces de *Triſmos*, & il appelle le *Subſultus*, *Carpologia.*

Les MOTORII de Linné ſont le troiſieme ordre des NEUROSES de Cullen appellé SPASMI. Il ne regarde parmi les SPASTICI que le *Triſmos*, l'*Hyſleria* & le *Tetanos* comme des genres diſtincts, & il leur conſerve leur nom. Il rapporte le *Catochus* au *Tetanos* & la *Cata-*

leptia à fon. *Apoplexia Cataleptica*, il ne fait pas mention des autres genres.

Quant aux AGITATORII de Linné, le docteur Cullen regarde le *Tremor* comme un symptóme des autres maux. Il a omis dans fa derniere édition de fa Synopfis, le *Beriberi* qu'il avoit précédemment rangé avec la *Paralyfis*; il conferve le genre *Chorea* & il place l'*Hieranofos* parmi les convulfions Idiopatiques. Le *Pfellifmus* eft réuni à la claffe des LOCALES, les genres *Palpitatio*, *Epilepfia* & *Raphania* feulement, confervent leur place & leur nom.

Cl. VIII. SUPPRESSORII. Suppreffoires. Maladies caufées par l'oppreffion des organes & la fuppreffion des fécrétions.

1. SUFFOCATORII. Suffocatoires. Maladies accompagnées d'un fentiment de fuffocation.

146. Raucedo. *Enrouement.*
147. Vociferatio. *Vocifération.*
148. Rifus. *Rire.*
149. Fletus. *Pleurs.*
150. Sufpirium. *Soupir.*
151. Ofcitatio. *Baillement.*
152. Pandiculatio. *Pandiculation.* Maladie qui

force à étendre les
membres.

153. Singultus. *Hoquet.*

154. Sternutatio. *Eternuement.*

155. Tuſſis. *Toux.*

156. Stertor. *Ronflement.*

157. Anhelatio. *Palpitation.*

158. Suffocatio. *Suffocation.* Difficulté de reſ-
pirer par le ſerrement du
goſier.

159. Ampiema. *Empyeme.* Abſcès dans le
thorax.

160. Dyſpnœa. *Reſpiration laborieuſe, ſans ſerrement du goſier.*

161. Aſtma. *Aſthme.* Reſpiration pénible &
chronique.

162. Orthopnœa. *Reſpiration aigue & ſuffo-
quante.*

163. Ephialtes. *Cochemarre.*

2. CONSTRICTORII. Maladies cauſées par la
Conſtriction.

164. Aglutitio. *Deglutition empêchée.*

165. Flatulentia. *Flatulence.*

166. Obſtipatio. *Conſtipation.*

167. Iſchuria. *Rétention d'urine.*

168. Dyſmenorrhœa. *Suppreſſion des régles.*

169. Dyslochia. *Suppression des lochies.*
170. Aglactatio. *Défaut de lait.*
171. Sterilitas. *Stérilité.*

Dans les genres des suffocatoires, Linné s'est écarté de sa régle ordinaire en joignant à chacun un caractere qui exprime le but de la nature ; ainsi au lieu de définir seulement le *Suspirium*, *une Respiration agitée*, il ajoute que son effet *est de chasser le sang des poumons*. Plusieurs des SUFFOCATORII ont été placés par Sauvages, parmi les ANHELATIONES, mais les CONS-TRICTORII sont répandus dans les différentes parties de son systême.

Le docteur Cullen, n'a parlé dans son sys-tême, d'aucune maladie placée parmi les CONS-TRICTORII. Il paroît que Linné ne les a definies que pour s'en servir secondairement dans les autres parties.

Dans le systême du docteur Cullen, le *Ran-cedo* est placé sous le genre *Catarre* ; il le donne dans un autre endroit, comme une espéce du genre *Paraphonia*. La *Tussis* est aussi jointe au *Catarre* ; *l'Empyeme* est considéré comme une conséquence de la pleuresie ou de la pneu-monie. Le docteur Cullen ne cite pas l'*Orthop-nœa* comme genre, il admet la *Dyspnœa* dans sa derniere édition, & ce genre & l'*Asthma* sont les deux seuls de cet ordre qu'il admette ; il a fait de l'*Ephialtès* une espece de sa *Oneirody-mia* de l'ordre Vesaniæ, dans la classe NEU-ROSES.

La *Flatulentia* de Linnæus est placée dans le genre *Dyspepsia* de la classe des CONS-TRICTORII par le docteur Cullen ; & l'*Obsti-patio*, l'*Ischuria* & la *Dysmenorhœa* entrent dans le quatrieme ordre des LOCALES appellés Epischezes , le dernier sous le nom *Ameno-rhœa.*

Cl. XI. EVACUATORII. Maladies accom-pagnées d'une surabondance de secrétions.

1. De la tête.

171. Otorrhœa. *Ecoulement purulent des oreilles.*

172. Epiphora. *Flux lacrymal.*

173. Hæmorrhagia. *Hémorrhagie.* Saignement de nez.

174. Coriza.*Corize.*Ecoulement muqueux du nez.

175. Stomocace. *Saignement des gencives.*

176. Ptyalifmus. *Salivation.*

2. De la poitrine.

177. Screatus. *Crachement.*

178. Expectoratio. *Expectoration.*

179. Hæmoptyfia. *Crachement de fang, accompagné de toux.*

180. Vomica. *Vomique.* Sécrétion purulente des
poumons.

3. Du Ventre.

181. Eructatio. *Rot.*

182. Naufea. *Naufée.*

183. Vomitus. *Vomiffement.*

184. Hæmatemefis. *Vomiffement de fang.*

185. Iliaca. *Affection iliaque.*

186. Cholera. *Vomiffement accompagné de
colique & de purgation.*

187. Diarrhæa. *Secrétion d'excremens liquides.*

188. Lienteria. *Lienterie.* Sécrétions d'aliments
mal digérés.

189. Cœliaca. *Cæliaque.* Déjection du chyle.

190. Cholerica. *Flux de fang fans colique.*

191. Dyfenteria. *Dyffenterie.* Flux de fang avec
coliques & tenefmes.

192. Hæmorrhois. *Hæmorrhoides.*

193. Tenefmus. *Dejećtion fréquente de glaires.*

194. Crepitus. Vents.

    4. Des organes de la génération.

195. Enurefis. *Piffement involontaire.*

196. Stranguria. *Strangurié.*

197. Diabetes. *Diabetes.*

198. Hæmaturia. *Urine fanglante.*

199. Glus. *Urines glaireufes.*

200. Gonorrhœa. *Gonorrhoée.*

201. Lencorrhœa. *Lencorrhoée.* Fleurs blanches.

202. Menorrhagia. *Menorrhagie.* Flux extraor-
            dinaire des mois.

203. Parturitio. *Accouchement laborieux.*

205. Mola. *Mole.*

    5. Des parties externes.

206. Galaćtitia. *Ecoulement furabondant du
            lait.*

207. Sudor. *Sueur extraordinaire.*

Cette claffe eft à peu-près la même que celle appellée *FLUXUS* dans la méthode de Sauvages, excepté que Linné y a introduit quatre nouveaux genres ; tels font *Screatus, Vomica,* qui eft une efpece de l'*Anacatharfis* de Sauvages. *Rućtus, Glus ,* qui eft une efpece de fa *Pyuria*

Parturitio & *Mola* ; il a auffi pris fes ordres de la divifion anatomique des parties, tandis que Sauvages établit fa divifion fur la nature de l'écoulement fanglant ou fereux, ce qui peut caufer beaucoup d'équivoques. On a objeété que l'accouchement *parturitio* n'étoit pas une maladie ; mais Linné ne paroît l'avoir confidéré comme tel que quand il eft laborieux, prolongé & furnaturel.

Le doéteur Cullen admet tout au plus un tiers de ces maladies : il a confervé *Epiphora*, *Ptyalifmus*, *Enurefis* & *Gonorrhœa*, fous leurs noms refpeétifs dans fon ordre des Apocenoses appartenant à la claffe des LOCALES ; l'*Hémorrhagie*, n'eft qu'un fynonyme de l'*Epiflaxis*, la *Coryza* du *Catarrhus*, & il regarde l'*Expectoratio* comme leur fymptôme & la *Vomica* comme l'effet de la pleuréfie ou peripneumonie ; la *Naufea* & le *Vomitus* font rangés dans les genres *Dyfpepfia*, l'*Iliaca* dans la *Colica* ; les *Cholerica*, *Cœliaca* & *Lienteria* ne font que des efpeces différentes de *Diarrhœa* ; *Leucorrhœa* & *Abortus* appartiennent à la *Menorrhagia* ; *Stomacace*, *Hœmatemefis* & *Hœméturia* ne font que des fymptômes ; *Hœmoptyfis* & *Hœmorrhofis* forment des genres diftinéts dans les deux fyftêmes.

Cl. X. DEFORMES. Maladies caufées par quelques diftormités du corps.

1. Celles qui maigriffent le corps.

208. Phtifis. *Phtifie.* Confomption accompagnée de fievre hectique, de Dyf- pnœé & d'expectoration pu- rulente.

209. Tabes. *Phtifie* accompagnée de fievre hectique, mais fans expec- toration purulente.

210. Atrophia. *Atrophie* avec atonie, fans fievre hectique & fans ex- pectoration.

211. Marafmus. *Marafme*, fans atonie, fans fievre hectique & fans ex- pectoration.

212. Rachitis. *Rachitis.* Elargiffement de la tête & des jointures, accompagné quelquefois du ramoliffement des os.

2. Elargiffement du corps ou de quelques- unes de fes parties.

213. Polyfarcia. *Corpulence.*
214. Lencophlegmatia. *Intumefcence emphyfe- mateufe.*

215. Anafarca. *Intumefcence œdémateufe.*

216. Hydrocephalus. *Intumefcence œdémateufe de la tête avec écartement des futures.*

217. Afcites. *Hydropifie œdémateufe ; intumef- cenfe de l'abdomen.*

218. Hypofarca. *Tumeur partielle de l'abdomen.*

219. Tympanites. *Tympanite.* Hydropifie d'air.

220. Graviditas. *Groffeffe.* Diftenfion extraor- dinaire de l'abdomen pen- dant la groffeffe.

3. Changement difforme de la couleur de la peau.

221. Cachexia. *Cachexie.* Paleur œdémateufe.

222. Chlorofis. *Chlorofis.* Pâles couleurs.

223. Scorbutus. *Scorbut.*

224. Icterus. *Ictere.* Jauniffe.

225. Plethora. *Plethore.* Rougeur de la peau caufée par l'abondance du fang & accompagnée de Dyfpnée.

Cette claffe répond aux CACHEXIÆ de Sauvages & du docteur Cullen ; plufieurs de ces genres font admis dans le fyftéme de ce dernier fous trois ordres correfpondants. Il ne fépare pas le *Marafmus* de *l'Atrophia ;* la *Phtifis* avoit été bien claffée avant, comme une fuite de l'*Hœmoptyfis.* Il place la *Chlorofis* dans l'ordre des ADYNAMIÆ de la claffe des NEUROSES ; il ne fait aucune mention de la *Graviditas, Cachexia, Plethora.*

Cl. XI. VITIA. Maladies extérieures cutanées ou palpables.

Cette claffe qui correfpond à celle du fyf-tême de Sauvages, paroît affectée aux ma-ladies qui font immédiatement l'objet de la chirurgie. Ce caractere n'eft pas fi exactement appliquable à la claffe de Linné, ou à celle des LOCALES du docteur Cullen, puifqu'elle contient également des genres qui appartiennent à la médecine, indépendamment de celles qui exigent des opérations manuelles ; c'eft dans tous les fyftêmes la claffe la plus étendue. Je ferai remarquer à la fuite des ordres leurs rap-ports dans les différents fyftêmes.

1. HUMORALIA. Maladies accompagnées de Fluides viciés ou extravafés.

226. Aridura. *Partie ou membre defféché.*
227. Digitium. *Panaris.*

228. Emphyfema. *Emphyfeme.* *Tumeur ven-*
teufe.
229. Œdema. *Tumeur aqueufe.*
230. Sugillatio. *Echymofe.*
231. Inflammatio. *Inflammation.*
232. Abfceffus. *Abcès.*
233. Gangræna. *Gangrene.*
234. Sphacelus. *Sphacele.*

La forme de la tumeur extérieure & le fluide qu'elle contient, forment les caracteres de ces genres.

Les *Aridura*, *Gangrena* & *Sphacelus* ou *Necrofis*, appartiennent à la claffe des CACHE-XIÆ, le *Digitium* eft une efpece de fon genre *Paronychia*, & il eft placé avec les autres genres de cet ordre parmi les VITIA.

Le docteur Cullen néglige l'*Aridura* & le *Digitium*, l'*Emphyfema* eft fa *Pneumatofis*, la *Sugillatio*, fon *Ecchymoma* & les 4 derniers genres de Linné font réunis fous fon genre *Phlogofis*.

2. DIALYTICA. Solutions de continuité, Fractures, Bleffures, &c.

235. Fractura. *Fracture.*
236. Luxatura. *Luxation.* Diflocation des os.
237. Ruptura. *Rupture d'un tendon.*

238. Contuſura. *Contuſion.*

239. Profuſio. *Flux de ſang cauſé par la diſſolution de la ſubſtance
affectée.*

240. Vulnus. *Bleſſure.*

241. Amputatura, *Amputation.* Séparation d'une
partie du corps.

242. Laceratura. *Lacération.*

243. Punctura. *Piquure d'un tendon.*

244. Morſura. *Morſure d'une bête venimeuſe.*

245. Combuſtura. *Brulure.*

246. Excoriatura. *Excoriation.* Déchirement de
la peau.

247. Intertrigo. *Déchirement de la cuticule.*

248. Rhagas. *Rhagade.* Fiſſure ſeche de la
peau.

Cet ordre conſtitue le ſeptieme de la claſſe
VITIA , du ſyſtême de Sauvages , appellé
PLAGÆ , & le ſeptieme de la claſſe LOCALES
de Cullen , ſous le titre DIALYSES. Il comprend ſous le genre *Vulnus* , les trois genres
qui ſuivent dans le ſyſtême de Linné. La *Fractura* conſtitue un genre particulier , la *luxatura*
appartient à l'ordre des ECTOPIÆ de Cullen ;
la *Profuſio* aux APOCENOSES , l'*intertrigo* & la
Combuſtura aux genres *Phlogoſis* , les autres

genres ne font pas cités dans le fyftême de Cullen.

3. Exulcerationes. *Ulceres.*

249. Ulcus. *Ulcere fuivi de fuppuration.*

250. Cacoëthes. *Cacoëthes.* Ulcere d'un caractere malin.

251. Noma. *Ulcere efcharotique & cicatri-
fant.*

252. Carcinome. *Carcinome.* Cancer.

253. Ozæna. *Ozæna.* Ulcere de l'Antrum High-
mori.

254. Fiftula. *Fiftule.*

255. Caries. *Carie.* Ulcere de la fuperficie des
os.

256 Anthrocace. *Ulcere de la cavité des os
avec carie.*

257. Cocytæ. *Mal poignant caufé par un animal-
cule logé dans quelque partie.*

258. Paronychia. *Panaris.*

259. Pernio. *Engelure.*

260. Preflura. *Tumeur du bout du doigt occa-
fionnée par le froid.*

261. Arctura. *Inflammation des ongles, occa-
fionnée par leur courbement
forcé.*

Plufieurs de ces genres fe rapportent aux

PLAGÆ de la claſſe de Sauvages. Le *Parony-chia* eſt pourtant placé parmi ſes PHYMATA & la *Preſſura* & l'*Arctura* de Linné ne ſont que des eſpeces de *Paronychia*, comme le *Pernio* n'en eſt qu'une de l'*Arthocace* dans le même ſyſtême.

Les ſix premiers genres ſont claſſés par le docteur Cullen ſous le genre *Ulcus*. La *Caries* eſt un genre diſtinct ; l'*Entrocace*, *Paronychia* & *Pernio* appartiennent au genre *Phlogoſis* ; il n'eſt point parlé des autres.

4. SCABIES. Maladies cutanées.

262. Lepra. *Lepre.*
263. Tinea. *Teigne.*
264. Achor. *Cruſta lactea* des auteurs.
265. Pſora. *Gale.*
266. Lippitudo. *Chaſſie.*
267. Serpigo. *Dartre.*
268. Herpes. *Feu volage.*
269. Varus. *Boutons.*
270. Bacchia. *Face bourjeonée. Gutta roſea.*
271. Bubo. *Bubon.*
272. Anthrax. *Anthrax.* Charbon.
273. Phlyctæna. *Phlyctene.*
274. Puſtula. *Puſtule.*
275. Papula. *Bouton très-enflammé.*

276. Hordeolum. *Grain d'orge.*
277. Verruca. *Verrue.*
278. Clavus. *Clou.*
279. Myrmecium. *Myrmecium.* Demangeaifon
                        femblable à celle caufée
                        par les fourmies.
280. Efchara. *Efcharre.*

Plufieurs de ces genres fe retrouvent dans la claffe correfpondante de Sauvages fous les ordres Phymata & Efflorescentiæ, mais les *Lepra*, *Tinea* & *Pfora* font rapportées aux Impetigines de la claffe CACHEXIÆ.

Les genres fuivants font diftin{\cts} dans le fyftême du do{\cteur} Cullen. La *Lepra* parmi les Impetigines, les *Tinea*, *Pfora* & *Herpes* parmi les Dialyses, le *Bubo*, *Verruca* & *Clavus* forment des genres diftin{\cts}, réunis à la *Phly{\ctæna}* & à l'*Hydatis*, fous l'ordre Tumores; il réunit prefque tous les autres au genre *Phlogofis. Lippitudo, Serpigo* & *Myrmecium* ne font pas mentionés dans le fyftême de Cullen.

Les cara{\cteres} des genres de cet ordre font bien imaginés, pour féparer les différents genres des puftules & font d'un grand ufage comme termes auxiliaires pour définir les genres dans les autres parties du fyftême.

5. TUMORES. Tumeurs.

281. Anevrifma. *Anevrifme.*

282. Varix. *Varice.*

283. Schirrus. *Squirre.*

284. Struma. *Gourme.* Tumeur gommeufe.

285. Atheroma. *Loupe.*

286. Anchylofis. *Anchylofe.* Déchirement des articulations.

287. Ganglion. *Ganglion.* Tumeur d'un tendon.

288. Natta. *Tumeur d'un mufcle rompu.*

289. Spinola. *Le Spina bifida.*

290. Exoftofis. *Exoftofe.* Tumeur des os.

Les trois premiers & le dernier de ces genres ont le même nom dans les claffes correfpondantes de Sauvages & de Cullen. Le *Struma* de Linné eft leur *fcrophula* & fa *Spinola*, leur *Hydrorachitis*, l'*Atheroma* eft la *Luppia* du docteur Cullen; le *Ganglion* eft le *Chondylona* de Sauvages, mais il conferve le nom de Linné dans le fyftême de Cullen; la *Natta* eft négligée par le docteur Cullen, elle appartient au *Sarcoma* de Sauvages.

6. **Procidentiæ.** Defcentes. Tumeurs occa-
fionnées par les diflocations des parties char-
nues ou membraneufes.

291. Hernia. *Hernie.* Rupture.
292. Prolapfus. *Prolapfus.*
293. Condyloma. *Condylome.*
294. Sarcoma. *Sarcome.* Excroiffance fongeufe.
295. Pterygium. *Pterygium.* Tache dans l'œil.
296. Ectropium. *La Paupiere fupérieure re-*
trouffée.
297. Phymofis. *Phymofis.*
298. Clitorifmus. *Clitorifme.*

L'*Hernia*, *Prolapfus* & *Ectropium* font appellés *Blepharoptofis* par Sauvages, ils font
placés parmi les Ectopiæ de fon fyftème. Le
Phymofis eft placé avec les *Phymata* & les
autres genres parmi les Excrescentiæ.

Le Docteur Cullen n'admet dans fes Ectopiæ que l'*Hernia* & le *Prolapfus*; il rapporte
le *Sarcoma* aux Tumores & les autres genres
ne font que des efpeces dans fon fyftême.

7. **Deformationes.** Contorfions de quelques
parties, ou déformités.

299. Contractura. *Rigidité d'une jointure.*

300. Gibber. *Boffe.*

301. Lordofis. *Courbure des os.*

302. Diftortio. *Contorfion des os.*

303. Tortura. *Bouche torfe.*

304. Strabifmus. *Strabifme.* Yeux louches.

305. Lagophtalmia. *Lagophtalmie.* Paupiere fupérieure rétractée.

306. Nyctalopia. *Nyctalopie.*

307. Presbytia. *Presbytie.* Vue longue.

308. Myopia. *Myopie.* Vue courte.

309. Labarium. *Perte des dents*, comme dans
le fcorbut.

310. Lagoftoma. *Bec de Lievre.*

311. Apella. *Abbreviation du prépuce.*

312. Atreta. *Imperforations d'un paffage naturel.*

313. Plica. *Le Plica Polonica.* Maladies des
cheveux.

314. Hirfuties. *Hériffement des cheveux furnaturel.*

315. Alopecia. *Calvitie.*

316. Trichiafis. *Diftorfion des cils.*

Ces genres font placés par Sauvages dans
différentes parties de fon fyftême, la *Contractura* & le *Strabifmus*, parmi les maladies
Spafmodiques ; le *Gibber* & le *Lordofis*, parmi
les Excrescentiæ de la claffe des VITIA,

la *Nyctalopia*, & les deux genres suivans sont des especes d'*Amblyopia* dans la classe des DEBILITATES, la *Lagostoma* est une espece de *Psellismus*, la *Plica*, la *Plique* sous le nom *Trichome* se trouve parmi les CACHEXIÆ & le *Trichiasis* est une espece d'*Ophtalmia*.

Le Docteur Cullen n'admet que cinq de ces genres : *Contractura*, *Strabismus*, *Presbytia*, *Myopia* ; les deux derniers sont des especes de *Dysopia* ; tous ces genres sont dans sa classe des Locales. La *Plica* est sous son genre *Trichoma* parmi les *impetigines*, dans la classe CACHEXIÆ.

8. MACULÆ. Taches sur la peau.

317. Cicatrix. *Cicatrice.*
318. Nævus. *Marque. Signe.*
319. Morphæa. *Croute.*
320. Vibex. *Taches en vergettes.*
321. Sudamen. *Taches passageres.*
322. Melasma. *Taches noires sur les jambes, ou sur d'autres parties non-exposées à l'air.*
323. Hepatizon. *Taches couleur de foie.*
324. Lentigo. *Taches de rousseur.*
325. Ephelis. *Coup de soleil.*

Ces dernieres maladies sont dans le Systême

de

de Sauvages, parmi les MACULÆ ou EFFLORES-
CENTIÆ; mais il n'en fait pas des genres. La
Cicatrix eft une efpece de fa *Leucoma ;* les
Morphæa & *Melafina*, font des efpeces de fon
Vitiligo ; & le *Vibex* , & le *Sudamen* , de
l'*Ecchymoma*. Le *Nævus* a le même nom générique dans les deux auteurs. Mais la *Lentigo*
de Linné eft une efpece de l'*Ephelis* de Sauvages.

Le Docteur Cullen n'a pas admis ces genres
dans fon Syftême.

Linné a joint à fa Diftribution des Maladies ,
un court apperçu de fa Théorie de Médecine ,
pour l'ufage de fes difciples , dans le ftyle
méthodique & concis qui lui eft propre.

Ces principes fuppofent que le corps humain
eft compofé d'une partie *Cerebrofo medullaire* ,
dont les nerfs font les prolongements , & que
nous appellons *Syftême nerveux* , & d'une partie
Corticale ou *Vitale* qui renferme le Syftême
Vafculaire , & contient les fluides. La première
étant la partie animée & fentante , dans laquelle réfide le principe du mouvement , eft
confidérée comme tirant fa nourriture des fluides les plus fubtils du Syftême Vafculaire , &
fon énergie d'un principe électrique afpiré par
les poumons. Dans cette théorie, les fluides
circulants peuvent être viciés par les principes

acefcents ou les ferments putrides admis par l'Auteur; les premiers agiffent fur le *ferum* & occafionnent les fiévres critiques, les autres fur le fang & caufent les maladies phlogiftiques. Les maladies exanthématiques, font fuppofées venir de quelque caufe externe qu'il appelle contagion, & qu'il propofe hypothétiquement comme étant due à des animalcules. Le frottement continuel de la partie corticale, exige une réparation qui s'effectue par un régime approprié, & c'eft le défaut de régime qui caufe les maladies de ce fyftême; on y remédie par des médicamens fapides, & on guérit les maladies du fyftême médullaire, par des médicamens odorants. C'eft de-là que Linné divife les médicamens felon leurs qualités fenfibles, au goût ou à l'odorat. Les fapides agiffent particuliérement fur la partie corticale & les odorants, immédiatement fur la partie médullaire du fyftême nerveux. Cependant, pour fe faire une idée plus complette de chacune de ces claffes générales des médicamens, il faut les obferver dans leur état le plus fimple. Les fapides font ceux que nous nommons nutritifs; & les odorants font proprement les médicamens. Le GENERA MORBORUM eft terminé par une table des différentes qualités des médicaméns, d'après ces deux divifions générales, (120).

En 1766, Linné publia un petit Traité , intitulé *CLAVIS MEDICINÆ, duplex exterior & interior, Holm. 8°. pp. 29.* —— CLEF DE MÉDECINE, double extérieure & intérieure , Stockholm , 8°. de 29 pages. Ce petit Traité peut être regardé comme l'abrégé de ſes leçons. On y trouve des vues plus étendues ſur la théorie dont nous venons de parler auſſi , avec une Pathologie générale, & la partie Therapeutique de la Médecine. Dans la derniere partie , il claſſe les ſimples en trois ordres , d'après ſa théorie. Il a donné cette claſſification d'une maniere plus étendue, dans deux Traités imprimés dans les *Amœnitates Academicœ* ; ils ſont intitulés : *SAPORES & ODORES Medicamentorum.* —— SAVEUR & ODEUR des Médicamens.

Il paroît d'après ſes écrits , que Linné s'étoit beaucoup attaché à la partie diétetique de la Médecine : *in his meœ deliciœ , in his plura collegi, quam quod novi alius nullus.* —— Ce ſont mes délices , diſoit-il , & j'ai raſſemblé ſur ce ſujet beaucoup plus de choſes qu'aucun autre , à ce que je penſe, n'avoit fait encore. Nous ignorons ſi ſes obſervations ſeront jamais publiées.

En 1771 , Linné fit paroître ſon dernier ouvrage ; c'étoit une continuation de ſon Supplément, intitulé *Mantiſſa altera* , ſecond Supplément,volume de 588 pages.Plus de la moitié de ce

T ij

volume contient des genres & des especes nouvelles, & le reste, des corrections & des augmentations considérables au Régne animal. Les additions enrichiroient bien une nouvelle édition de son *Systema* ; & dans sa Préface, il prie ceux qui s'en chargeront, de vouloir bien y faire attention.

Outre tous ces ouvrages séparés, Linné a composé un grand nombre de Dissertations sur la Médecine & sur l'Histoire Naturelle, qui furent publiées dans les *Acta erudita Upsaliensia*, & dans les Mémoires de l'Académie de Stockholm.

La premiere de ces collections a été commencée par Olaus-Celsius, en 1720, & continuée jusqu'en 1750 : elle est en Latin & comprend 5 vol. *in-4°.* ; la derniere est en Suédois de format *in-8°.* , & a été continuée jusqu'à ce jour, depuis l'établissement de l'Académie par le Roi Adolphe. Plusieurs de ces Dissertations ont été refondues dans les autres ouvrages de l'Auteur, & il suffira de les indiquer.

Dans les Mémoires de l'Académie d'Upsal, connus sous le nom d'*Acta Upsaliensia*, Linné a publié les Opuscules suivants :

Florula Laponica, —— la petite Flore de Laponie, en 1732. C'est, comme il a été remarqué plus haut, le premier écrit de notre

Auteur, qui ait été imprimé. Il ne contient qu'un fimple catalogue des plantes de Laponie, rangées felon le Syftême fexuel, dont c'eft le premier échantillon publié. La feconde partie de cette lifte ne parut qu'en 1734.

Animalia Regni Sueciæ. — Les Animaux du Royaume de Suéde, en 1736.

Orchides iifque affines. — Orchis & Plantes voifines, en 1740. Catalogue accompagné d'une nombreufe collection de fynonymes pour chaque efpece.

Genera Plantarum nova. — Nouveaux genres des Plantes, en 1741.

Euporifta in Febribus Intermittentibus. — Remedes faciles à fe procurer dans les Fiévres Intermittentes. Cet écrit, ainfi que quelques autres, fi nous ne nous trompons, fut publié, fuivant la coutume de ce pays, dans le Calendrier annuel, qui contient les découvertes utiles faites dans les contrées les plus éloignées & les moins connues de chaque Royaume, en 1742.

Euporifta in Dyffenteriâ. — Remedes faciles à fe procurer dans la Dyffenterie, en 1745.

Pini ufus Œconomicus. — Ufage Economique du Pin, en 1743.

Abietis ufus Œconomicus. Ufage Economique du Sapin, en 1744. Les nombreux ufages du

Pin & du Sapin, defquels plufieurs n'étoient pas fuffifamment connus dans diverfes provinces du Royaume de Suéde, engagerent notre Auteur à raffembler dans ces deux Opufcules, tout ce que fes voyages lui avoient donné lieu de recueillir fur ce fujet.

Sexus Plantarum. — Le Sexe des Plantes, en 1744.

Sexûs Plantarum ufus Œconomicus. — Ufage Economique du Sexe des Plantes, en 1745. Cet écrit convient à tous ceux qui prennent foin des jardins, & auxquels le fexe des plantes n'eft pas depuis long-temps un objet de pure fpécu‑ lation.

Theæ Potus. — Boiffon du Thé, en 1746.

Scabiofæ novæ fpeciei Defcriptio — Defcrip‑ tion d'une nouvelle efpéce de Scabieufe, en 1744. C'eft celle qui depuis a été appellée par notre Auteur, dans fon *Species Plantarum*, *Scabiofa Tartarica.* — Scabieufe de Tartarie.

Penthorum. En 1744. Linné nomme ainfi un nouveau genre de Plantes, originaire de Vir‑ ginie. Il en donne ici la defcription, accompa‑ gnée de figures.

Cyprini pinnæ ani radiis XI pinnis albenti‑ bus Defcriptio. — Defcription du Cyprin à XI rayons à la nageoire de l'anus, & à nageoires blanchâtres. C'eft un poiffon des lacs de Weftro‑

bothnie. Linné l'a depuis nommé (*Syft.* p. 509) *Cyprinus Griflagine.* On l'appelle en François Griflage, Griflagine, ou nageoire blanche.

Après l'inftitution de l'Académie Royale des Sciences de Stockholm, Linné, qui en fut le Premier Préfident, publia dans les Mémoires de ce corps, fes nouveaux Opufcules. On y trouve les fuivans :

Cultura Plantarum Naturalis. — Culture Naturelle des Plantes. Vol. I, pour les années 1739 & 1740. C'eft un effai pour réduire l'art du jardinage à des principes fcientifiques.

Gluten Lapponum è Perca. — Colle des Lapons tirée de la Perche, *ib.* 221. Cette colle eft formée par la peau du poiffon que les Lapons ratiffent & font bouillir jufqu'à la confiftance convenable.

Œftrus Rangiferinus. — L'Œftre des Rennes, en 1740, p. 121. Defcription, avec figures de l'infecte (*Œftrus Tarandi.* Syft. Nat. pag. 969) qui fe loge fous la peau du dos des Rennes, & qui fait fouvent périr le tiers des jeunes Faons, (121).

Picus pedibus tridactylis. — Le Pic à pieds trydactyls. *ib.* p. 222. Defcription du Pic à trois doigts, inconnu pour lors, figuré depuis par Edwards, planche 114, & nommé par notre auteur dans fon Syftême, *Picus tridacty-*

lus, p. 177. Cet oifeau a été auffi trouvé dans la baie d'Hudfon, & décrit par M. Forfter, *Phil. Tranf.* vol. 62 , p. 388 , (122).

Mures Alpini Lemures, — Les Rats des Alpes du Nord, nommés Leming. *ib.* p. 326. Court Mémoire fur le Leming , *Mus Lemmus* du Syft. p. 80, fléau du Nord , aujourd'hui bien connu.

Paffer nivalis. — Le Moineau des neiges , *ib.* p. 308. Cet oifeau a depuis été plufieurs fois décrit & figuré (123).

Pifcis aureus Chinenfium. Le Poiffon doré des Chinois. *ib.* p. 403. La Dorade Chinoife, ou poiffon d'or, *Cyprinus auratus*, Syft. page 527.

Fundamenta œconomiœ. Principes de l'économie. *ib.* p. 411.

Formicarum fexus. Le fexe des Fourmis. Vol. 2. 1741. p. 37. Ce mémoire contient la defcription de l'hiftoire de cinq efpeces de Fourmis trouvées en Suéde , & fait connoître d'une maniere particuliere l'induftrie de ces infectes.

Officinales Suecicœ plantœ. Plantes de Suéde officinales. *ib.* p. 81. Dans cet écrit, notre auteur donne à fes compatriotes la connoiffance de plufieurs articles de matiere médicale, qui fe trouvent indigenes en Suéde, & qu'on y importoit d'ailleurs fans aucune néceffité.

Centuria plantarum in Sueciâ rariorum. Centurie des plantes rares trouvées en Suéde. *ib.* p. 204. Ce font toutes des plantes rares que perfonne n'avoit obfervées en Suéde avant Linné.

Plantæ Tinctoriæ indigenæ. Plantes indigenes (à la Suéde) propres à la teinture. Vol. III. 1742. p. 20. La découverte des plantes propres à l'art du Teinturier étoit un des objets propofés à Linné dans fon voyage de Gothland, *iter Gothlandicum*, dont nous avons parlé ci-deffus.

Amaryllis formofiffima. L'Amaryllis très-belle. *ib.* p. 93. Defcription & figure de la fuperbe Liliacée connue vulgairement fous le nom de Lys de S. Jacques.

Gramen Sœlting. L'Herbe Sœlting. *ib.* p. 146. Defcription du Trofcart maritime, *Triglochin maritimum.* Spec. pl. p. 483. Il y recommande la culture de cette plante, que les bêtes à cornes aiment beaucoup.

Fœnum Suecicum. Le Foin de Suéde. *ib.* p. 191. Autre éloge de la culture de la Faucillere ou Luzerne fauvage à faucilles, *Medi-*

cago falcata, Sp. pl. p. 1096. pour remplacer en Suéde la véritable Luzerne.

Phaseoli Chinensis species. Espece de Haricot de la Chine. *ib.* p. 206.

Epilepsiæ Vernensis causa. Cause de l'Epilepsie. *ib.* p. 279.

Jackas Hapuch. Le Jackas Hapuch. Vol. IV. 1743. p. 291. C'est le nom Suédois de l'Uva-Ursi ou Raisin d'Ours, *Arbutus Uva-Ursi.* Sp. pl. p. 566. Les Suédois se servent de cette plante dans les arts du Teinturier & du Tanneur; ils la mêlent aussi fréquemment au Tabac pour fumer, c'est la même qui est devenue célèbre dans les autres parties de l'Europe, pendant quelque tems contre le calcul.

Fagopyrum Sibiricum. Le Sarrazin de Sibérie. Vol. V. 1744. p. 117. Espece de Sarrazin, appellé depuis par notre auteur *Polygonum Tataricum*, Spec. pl. 521. Elle est cultivée en Tartarie & en Sibérie, où l'on s'en sert pour faire du pain au défaut des autres grains (124).

Petiveria. La Pétiver. *ib.* p. 287. Description & figure de la *Petiveria Alliacea.* Sp. pl. p. 486. Plante âcre & même caustique, singulierement aimée des Pintades dans les Indes Occidentales, & nommée pour cela en anglois *Guinea-Henweed*, l'herbe des poules de Guinée.

Paſſer procellarius. Le Moineau de tempête.
Vol. VI. 1745. p. 93. Deſcription de la *Procellaria pelagica.* Syſt. p. 212. C'eſt le petit
Petrel d'Edwards, planche 90, ou l'oiſeau de
tempête (125).

Limnia. La Limnia. Vol. VII. p. 130. C'eſt
la *Claytonia Sibirica.* Sp. pl. p. 194. Plante
curieuſe, découverte par Steller, dans les parties les plus orientales de la Sibérie, & dans
les Iſles qui ſe trouvent entre cette partie de
l'Aſie & le Nord de l'Amérique.

Coluber (Cherſea) *ſcutis abdominalibus 150,
ſquamis ſubcaudalibus* 34. Couleuvre (*Cherſea*)
à 150 plaques ſous le corps & 34 écailles ſous
la queue. Vol. X. 1749. p. 246. t. 6. Petit
Serpent très-vénimeux, qui ſe trouve dans les
lieux plantés d'Oſiers & de Saules. Sa morſure
eſt des plus dangereuſes, & ſouvent mortelle
particuliérement en Smoland; ce petit animal
n'a pas plus de ſix pouces de long. Il eſt nommé
Aſping par les Smolandois.

Avis Sommar Guling appellata. L'Oiſeau
appellé Sommar Guling (par les Suédois),
Deſcription & figure de l'*Oriolus Galbula*,
Syſt. p. 160. Le Loriot. Il eſt ſingulier qu'il
ſoit à la fois originaire de l'Europe Septentrio-
nale & du Benghale (126).

Inſectum quod frumenti grana interius exedit.

Infecte qui ronge l'intérieur des grains. C'est le même décrit dans le Syſt. p. 179 , ſous le nom de *Muſca Frit*. Notre auteur penſe que le dixieme de l'orge eſt détruit en Suéde par cet inſecte, & que le dommage monte annuellement à cent mille ducats.

Emberiza Ciris. Syſt. p. 313 , ou le *Painted-Finch* de Catesby , I. planche 44. Deſcription & figure du pape. *ib.* p. 278.

De characteribus Anguium. Des caracteres des Serpents. Vol. XIII. 1752. p. 206. Il a été remarqué ci-deſſus , que Linné eſſaya d'abord de fixer les caracteres des Serpents d'après le nombre des plaques du ventre & des écailles de la queue. Il obſerve ici que ce caractere n'eſt pas aſſez conſtant ; mais que ce qui manque pour completter le nombre dans l'un , ſe trouve communément dans l'autre.

Novæ duæ Tabaci ſpecies. Deux nouvelles eſpeces de Tabac. Vol. XIV. 1753. p. 37. Deſcription & figure des Nicotianes ſurnommées *Paniculata* & *Glutinoſa* dans le Spec. plant. p. 259.

De plantis , quæ Alpium Suecicarum indigenæ fieri poſſint. Des plantes qu'on pourroit rendre indigenes ſur les Alpes de Suéde. Vol. XV. 1754. p. 182. Enumération de quelques plantes , que l'auteur croit pouvoir être communément cultivées fur les Alpes de Laponie & de Suéde.

Simiæ, ex Cercopithecorum genere, defcriptio.
Defcription d'un Singe du genre des Cercopi-
théques. *ib.* p. 210. C'eft l'Exquima , *Simia
Diana.* Syft. p. 38.

Mirabilis longiflorœ (Syft. p. 252.) *defcriptio.* Defcription de la Belle-de-Nuit à longues fleurs : plante du Méxique , aujourd'hui
bien connue dans les jardins d'Angleterre & de
France. Vol. XVI. 176

Lepidii (Cardamines. Syft. 899.) *defcriptio.*
Defcription du Lépidion Cardamine. Plante
nouvelle envoyée à notre auteur, par Lœfling,
qui l'avoit trouvée en Efpagne. *ib.* p. 273.

Ayeniœ (Pufillæ. Spec. 1354.) *defcriptio.*
Defcription de la d'Ayen naine. Jolie plante
envoyée à notre auteur, par Miller. Elle eft
figurée par ce dernier, Planche 118. & par
Sloane pl. 132.

Gaurœ (Biennis. Spec. pl. 493.) *defcriptio.*
Defcription du Gaura bifannuel. Plante nouvelle, dont les femences furent envoyées à notre
auteur, par M. Collinfon. *ib.* p. 222.

Lœflingia & Minuartia. La Lœfling & la
Minuart. Deux nouveaux genres de plantes ,
envoyés d'Efpagne par Lœfling.

Entomolithus paradoxus (Syft. Nat. III.
p. 160.) *defcriptus.* Defcription de l'Entomo-

lithe paradoxal. Vol. XX. 1759. p. 19. avec figures. Foſſile curieux, obſervé dans le cabinet du Comte de Teſſin.

Gemma, Penna Pavonis dicta. La Pierre appellée Plume de Paon. *ib.* p. 23. Notre auteur penſe que ce Foſſile eſt formé par le cartilage de la charniere de la nacre de perles. Il l'a dénommé dans le Syſt. p. 165. *Helmintholitus* (Androdamas) *Mytili margaritiferi cardinis, viridis;* Helmintholite (*Androdamas*) de la charniere, de la Moule Nacre-de-Perle, de couleur verte.

Coccus Uvæ-Urſi. (Syſt. p. 742..) La Co·chenille de l'Uva-Urſi. *ib.* p. 28. Cette Cochenille eſt très-ſemblable à l'eſpece qu'on trouve en Pologne ſur les racines de Knavelle, mais eſt une fois plus grande, & fournit une couleur rouge très-fine.

De rubo arctico plantando. De la maniere de planter la Ronce arctique. Vol. XXIII. 1762. p. 92 La Ronce arctique, *Rubus arcticus,* Sp. pl. p. 708, fort eſtimée pour ſes baies, eſt difficile à cultiver dans les parties méridionales de la Suéde. Ce mémoire contient le réſultat de quelques expériences faites pour accoutumer cette plante aux climats plus méridionaux : elles ſont trop difficiles pour devenir d'un uſage général.

Obſervationes ad Cereviſiam pertinentes. Obſervations concernant la Bierre. Vol. XXIV. 1763. p. 50.

Animalis Braſilienſis , (*Muris Aguti ,* Syſt. p. 80). *Deſcriptio.* Deſcription d'un animal du Breſil : l'Agouti. Vol. XXIX. 1768. p. 26 (128).

Viverræ Naricæ ſyſtemat. p. 64. deſcriptio. Deſcription de la Viverre narica. C'eſt un animal d'Amérique qui approche beaucoup du Coatimundi du Breſil.

Simia Œdipus. Syſt. p. 41. (Le Singe Œdipe, ou le petit Singe Lion, le Pinche de M. de Buffon.) *ib.* p.146.

Gordius Medinenſis. Syſt. p. 1075. (Gordius de Medine, le Dragoneau.) On trouva à Gottenburgh, un de ces animaux qui avoit une demie aune de long, & il fut communiqué à Linné par le Roi de Suéde.

Calceolariæ pinnatæ. Syſt. Nat. ed. 13. p. 60. Deſcriptio. Deſcription de la Calceolaire pinnée. Vol. XXXI. 1770. p. 286. C'eſt une plante du Pérou de la Diandrie avec une fleur labiée.

Nous avons déjà vu que Linné avoit enrichi ſa *flora lapponica* de pluſieurs particularités curieuſes relatives au pays, à ſes habitans, à leurs mœurs, à leurs uſages économiques, à leurs maladies, &c. & il annonce dans la préface qu'il avoit le projet de traiter ainſi toute l'Hiſtoire Naturelle de cette contrée, il devoit la faire paroître ſous le titre de *Lachefis Laponica,* mais nous ne devons plus attendre la publication de cet ouvrage. M. Pennant en écrivit un jour à Linné, il en reçut cette réponſe, *nunc nimis ſero inciperem.*

Me quoque debilitat ſenis immenſa laborum
 Ante meum tempus cogor et esse ſenex :
Firma sit illa licet, ſolvatur in æquore navis
 Quæ nunquam liquidis sicca carebit aquis.

Nous ne connoiſſons plus aucun ouvrage de Linné après ſon dernier ſupplément de 1771.

Au printems de 1772, Monſieur Murray, profeſſeur de Médecine & de Botanique à Gottingue, Suédois d'origine & diſciple de Linné, dont il avoit depuis longtemps l'eſtime & la confiance, vint voir ſon illuſtre maître : il ne trouva pas ſes facultés affoiblies & ſon zele pour les progrès de la ſcience avoit la même activité & la même vigueur. Il parle avec un grand intérêt du plaiſir qu'il eut à le revoir & à examiner ſon *Muſeum* à Hammarby. Il regretta beaucoup qu'il ne voulût pas donner une nouvelle édition du *Syſtema naturæ,* auquel il ſe propoſoit ſeulement d'ajouter des

ſuppléments.

fupplément. Cependant Murray avant de quitter Upfal, obtint de Linné qu'il lui remettroit toutes fes nouvelles obfervations fur le *Syfema vegetabilium,* afin d'en donner une édition com·plette. Le docteur Murray remplit fes engagements en 1774, à la grande fatisfaction de tous ceux qui fuivent la méthode de Linné; les additions communiquées par l'auteur & celles tirées des différents *addenda* & des *mantiffa,* le mirent en état d'ajouter près de cent pages à la deuxieme édition qui avoit été publiée en 1767. (127)

Il paroît que Linné jouiffoit en général d'une bonne conftitution; il éprouvoit cependant quelquefois des migraines & quelques attaques de goutte, comme nous l'avons dit en parlant de la *Philofophia Botanica.* Cependant, malgré le bon état où il étoit quand le docteur Murray le quitta, fa mémoire fût bientôt affoiblie : c'eft ce qui l'engagea à lui remettre fes matériaux pour les éditions fuivantes de fon fyftéme des végétaux. (128)

Dans l'été de 1776, fes infirmités augmenterent, il ne pouvoit plus fe promener dans fon jardin fans être foutenu; à la fin de l'année il fut attaqué d'une apoplexie qui le rendit paralytique; au commencement de 1777 il eut une autre attaque, qui affoiblit beaucoup fes facultés intellectuelles ; ces attaques annonçoient fa fin prochaine, mais la maladie qui lui caufa immédiatement la mort, étoit un ulcere dans la veffie;il languit pourtant toute cette année & mourut le 11 janvier 1778, âgé de 70 ans & 8 mois.

Ceux qui aiment les fciences entendront avec plaifir le recit des honneurs rendus à fa mémoire ; toute la ville d'Upfal fut dans l'affliction, tous les étudians & les profeffeurs de l'Univerfité affifterent à fes funérailles, le poile fut porté par 18 docteurs ou médecins choifis parmi ceux qui avoient été fes difciples. (129)

Le Roi de Suéde fit frapper une médaille en fon honneur : fur la face on voyoit le bufte & le nom de Linné ; fur le revers, Cybele abbatue, tenant dans fes mains une clef & entourrée d'animaux & de plantes, avec cette légende, *Deam luctus angit amiffi* ; (la douleur de fa perte afflige la Déeffe,) & dans le champ, *poft obitum Upfaliæ die 10 junii 1778, Rege jubente.* (Après fa mort, à Upfal, le 10 janvier 1778, par l'ordre du Roi.)

Ce généreux monarque honora l'académie des fciences de Stockolm de fa préfence quand on y lut l'éloge de Linné, & pour offrir un tribut encore plus grand à fa mémoire, il exprima lui-même ses regrets de la perte que la Suéde venoit de faire, dans le discours qu'il adressa à l'assemblée des états. (130)

Le professeur actuel de médecine & de botanique à Edimbourg, fit son éloge devant ses disciples, à l'ouverture de son cours au printemps de 1778, & il lui fit encore ériger un monument de pierre. C'est un vase porté sur un pied d'estal, avec cette inscription.

LINNÆO POSUIT J. HOPE. (131)

La haute réputation dont Linné a joui dans l'univers peut aisément me dispenser de tout éloge; on me permettra, j'espere, la courte appréciation suivante de ses talents, fondée sur un examen impartial de ses écrits.

Il avoit une imagination vive, corrigée par un excellent jugement & dirigée par un esprit méthodique. Il joignoit à tout cela une mémoire étendue, une activité continuelle & la plus grande persévérance dans ses projets; il a donné des preuves de cette persévérance, par la constance avec laquelle il a suivi le dessein qu'il avoit formé dès sa jeunesse, de réformer totalement & de recréer toute la science de l'Histoire Naturelle, & de lui donner un dégré de perfection inconnu jusqu'alors.

Il eut le bonheur de vivre affez pour voir s'élever l'édifice dont il avoit pofé les fondemens, malgré les dégoûts & les découragemens qu'il avoit éprouvés dans l'origine.

Perfonne n'évita plus que lui d'établir fa réputation fur la ruine de celle des autres. Il reconnoiffoit toujours le mérite de chaque auteur de fyftême, & perfonne ne paroît avoir plus connu les défauts que préfentent quelques parties des fiens; mais il favoit qu'aucun arrangement artificiel ne pouvoit être exempt des aberrations qu'on lui reproche principalement. Il étoit affuré que les fyftêmes ne doivent leur durée qu'à leur valeur réelle & il fe livroit au jugement de la poftérité; peut-être Linné ne montra-t'il jamais plus de dignité que dans fa conduite avec fes adverfaires. Il évitoit la difpute, & regardant le temps qu'on lui donnoit comme abfolument perdu, il ne prit jamais la peine de répondre aux nombreufes critiques dont il étoit affailli. (132)

Les talents de cet homme extraordinaire doivent furtout paroître dans tout leur éclat aux yeux de ceux qui peuvent favoir combien il a avancé l'Hiftoire Naturelle, & furtout à ceux qu'un rapport de goût met en état de bien comprendre l'étendue de fes plans, l'immenfité de fes travaux, & l'exécution de

tout l'enfemble; il écrivoit très-bien en latin &
perfonne n'en a fait une meilleure application
que lui dans fes defcriptions.

Il a été obligé d'admettre dans fes écrits
beaucoup de termes qu'on ne trouve pas dans
les auteurs ; mais fes recherches lui ont fait
découvrir une foule de chofes inconnues aux
anciens, & il ne pouvoit pas parler le langage
de l'Hiftoire Naturelle telle qu'elle eft aujour-
d'hui , comme au tems de Pline.

L'ardeur que Linné eut dès fa premiere jeuneffe pour l'étude de la nature & l'application
qu'il lui donna, lui en avoient fait fentir &
l'utilité & les charmes. Il regrettoit que l'étude
de l'Hiftoire Naturelle ne fut pas admife dans
les Univerfités, au lieu de ces difputes fur la
logique & la métaphyfique qui ont reculé fi
long-temps les fciences utiles. (133)

Il connoiffoit combien l'éloquence & la chaleur du ftyle ajoutent à la force des raifonne-
mens, auffi il ne manquoit jamais d'expofer
d'une maniere vive & féduifante les rapports
de cette étude avec le bien public , pour
exciter les grands à la protéger, & les jeunes gens à s'y livrer, en leur préfentant une
fource abondante de plaifirs & en leur montrant les confolations , les douceurs & les

V iij

avantages qu'on en peut retirer dans une foule d'occafions.

Les rapports de l'Hiftoire Naturelle avec les arts, qu'il avoit fi bien faifis, ne lui permettant pas de fe borner à encourager feulement ceux qui fe livroient à la pratique de la médecine ; il cherchoit aufli à en infpirer le goût aux perfonnes diftinguées par leur rang ou par leurs richeffes. Il auroit défiré que tous les Miniftres fe livraffent à une partie de cette fcience ; non-feulement pour adoucir leur fituation qui les force à vivre fans ceffe à la campagne, mais encore dans la vue de faire des découvertes, vers lefquelles cette fituation même peut les conduire, & que les favants qui vivent dans les grandes villes, ne font jamais à portée de faire. Ajoutez que la communication des lumieres & des connoiffances parmi les hommes d'une même profeffion, dans les campagnes, doit refferrer leur union, & contribuer plus que tous les amufements paffagers de la jeuneffe aux charmes & aux avantages de la fociété.

Linné vécut affez pour jouir pleinement du fruit de fes travaux. L'Hiftoire Naturelle s'éleva par fes foins en Suéde, à un degré de perfec-tion inconnu ailleurs, & fe répandit dans toute l'Europe. Ses difciples difperfés fur tout le globe y étendirent leur réputation & celle de leur maître chéri. Plufieurs fouverains de l'Europe firent des établiffemens en faveur de l'Hiftoire Naturelle, des protecteurs zélés fonderent des chaires, enfin, la curiofité & la paffion que cette fcience infpirent lui donnerent le rang qu'elle tient aujourd'hui.

Linné étoit d'une taille affez petite, il avoit la tête large, les yeux vifs & perçants; fon oreille n'étoit pas fenfible à la mufique; fon tempérament étoit froid, fa mémoire fûre, quoique dans les derniers tems de fa vie elle lui manquât quelquefois. Il n'eut des langues qu'une connoiffance affez bornée, cependant aucune découverte intéreffante ne lui échappoit. Il dormoit l'été depuis dix heures jufqu'à trois, & l'hiver depuis neuf jufqu'à fix, & il quittoit le travail toutes les fois qu'il ne fe trouvoit pas bien difpofé. Il étoit de bonne fociété, un peu fufceptible, mais il revenoit facilement. (134)

Linné a été gravé plufieurs fois : la premiere à la tête de l'édition du *Syflema naturæ*, imprimée à Leipfic en 1748, cette gravure le repréfente à l'âge de 40 ans ; il a été auffi gravé à la tête de la feconde édition des *Species plantarum* en 1762, & encore à la tête de la fixiéme édition des GENERA *plantarum*, en 1764; c'eft la premiere & la derniere de

ces gravures qui le repréfentent le mieux. Il
eft en négligé, appuyé fur un volume du *Syftema*, & il tient dans fes mains un rameau de
la *Linnæa*, plante ainfi nommé par Gronovius.
Dans la gravure de 1762, il eft repréfenté en
grande parure avec les marques de l'ordre de
l'Étoile Polaire à fon col, & on lit au-deffous
cette infcription d'Auriviilius.-

*Hic ille est, cui regna volens natura reclusit
Quamquam ulli dederat plura videnda dedit.*

L'académie des fciences de Stockolm le fit
graver à Paris d'après un excellent portrait fait
par le fameux peintre fuédois Roflin. Il eft auffi
figuré fur un grand médaillon à l'antique,
d'environ 2 pieds de diametre, par l'Archevêque ;
il a été repréfenté en Angleterre fur un excellent médaillon, fait par MM. Wedgwood &
Bently, il le repréfente de profil & déjà dans
un âge avancé. La figure eft blanche fur un fond
bleu, la *Linnæa* eft fur fa poitrine, ceux qui
l'ont connu difent ce portrait fort reffemblant.

Je regrette beaucoup de ne pouvoir pas
décrire les médailles que plufieurs perfonnes
de diftinction ont fait frapper en Suéde en fon
honneur, furtout celle du Comte de Teffin,
un de fes premiers protecteurs, qui voulut lu

donner encore ce dernier témoignage public de fon eftime. (135) Linné eut toujours pour lui la plus vive reconnoiffance.

J'ai déjà dit que Linné avoit époufé la fille du docteur More, médecin dans la province de Dalecarlie auffitôt après fon établiffement à Stockolm en 1739; fon époufe lui furvécut. Il en avoit eu un fils nommé Charles & quatre filles.

Le jeune Linné étoit démonftrateur du jardin de botanique dès 1762. Il publia alors & dans les années fuivantes deux Decades de plantes rares du jardin, avec des figures. Peu de tems après il fut nommé adjoint à fon pere pour la Chaire de botanique; depuis fa mort, il obtint d'autres emplois, & principalement la Chaire de médecine théorique; il réfigna celle de botanique au docteur Thunberg : on dit que fon intention étoit de publier une *Mantiffa tertia* (troifiéme Supplément), que fon pere avoit prefque terminé & différentes plantes rares qui avoient été adreffées à Linné quelques tems avant fa mort, du Cap de Bonne-Efpérance, & d'autres parties du monde.

Elifabeth-Chriftine, une des filles de Linné, fe fit connoître elle-même en 1772, par une découverte qui fut confacrée dans les mémoires de l'académie de Stockolm cette année. C'eft celle d'un phénomène curieux & qui n'avoit pas encore été obfervé, que préfentent les fleurs du *Tropæolun majus* (la grande Capucine); elle jette fpontanément & après certains in-tervalles des étincelles, pareilles à celles de l'électricité, ou plutôt de la poudre fulminante. Ce phénomène ne paroiffoit qu'à l'entrée de la nuit & ceffoit quand l'obfcurité étoit com-plette. Elle le fit voir à fon pere & à d'au-tres Naturaliftes & principalement à M. Wilcke, célebre phyficien, qui penfa qu'il étoit dû à l'électricité.

ABRÉGÉ DES *AMÆNITATES ACADEMICÆ.*

LA Collection connue fous ce titre, confifte en 7 volumes in-8°. & contient 150 thefes. On a penfé que le premier volume n'avoit pas été rédigé par Linné lui-même, mais il en a furveillé la réimpreffion & édité tous les autres volumes. Nous avons déjà parlé de cette collection, & ce qui va fuivre n'eft guere qu'une table faite pour fixer l'attention fur cet intéreffant ouvrage, beaucoup moins connu que les autres. Le lecteur voudra bien obferver qu'il eft impoffible dans un très-court abregé, de donner une idée jufte du mérite, & de l'ordre admirable des fujets qu'il contient.

TOME I. Stock. 1749. pp. 610.

I. BETULA NANA. Bouleau nain. *L. M. Klafe.* 1743.

Cette differtation offre une Hiftoire complete du BOULEAU nain, *Betula nana, foliis orbiculatis crenatis*, Spec. plant. p. 1394. Cet arbre couvre

les Alpes de la Lapponie, & il eſt d'un uſage économique très-utile dans cette région ſeptentrionale ; les branches fourniſſent aux Lappons leur
principal chauffage, & les ſemences nouriſſent
le Lagopede, *Tetrao Lagopus*. Syſt. 274.
Cet oiſeau eſt fort eſtimé & fait la principale nourriture des habitans ; on en prend
beaucoup l'hiver & on les envoye dans différentes provinces. Avant les voyages de Linné
en Lapponie, on ne regardoit ce Bouleau que
comme une variété de l'eſpece commune, mais
il a bien établi ſes caraƈteres ſpécifiques. Cet
arbre a été trouvé dans les montagnes d'Ecoſſe.

2. Ficus. Le Figuier. *C. Hegardt.* 1744.

La culture du Figuier a été dès les premiers tems un objet important dans les Contrées
orientales. Cette diſſertation offre l'Hiſtoire de
ce genre dont l'auteur compte 22 eſpeces. Linné
a pourtant beaucoup réduit ce nombre dans
ſes *Species plantarum*, parce que pluſieurs de
ces eſpeces ne font que des variétés produites
par la culture. La partie de l'Hiſtoire de cet
arbre, qui a été pendant long tems ſi énigmatique & que la doƈtrine des ſexes a completement éclairci, & la plus digne d'attention
eſt la caprification ; non-ſeulement parce que

c'eſt un phénomène fort ſingulier en lui-même, mais encore parce qu'elle a fourni les preuves les plus convainquantes de la réalité du ſexe des plantes. Les bornes d'un extrait ne nous permettent d'en dire qu'un ſeul mot.

On ſait que les fleurs du Figuier ſont ſituées dans un réceptacle pulpeux qui eſt le fruit ou la Figue. Le réceptacle de quelques Figuiers ſauvages ne contient que des fleurs mâles, & les autres ont des fleurs mâles & femelles, mais ſéparées, quoique placées dans le même réceptacle. Les Figuiers cultivés ne contiennent que des fleurs femelles, mais on les feconde par le moyen d'un inſecte *Cynips pſenes.* Syſt. Nat. 919, qui ſe trouvoit ſur le fruit du Figuier ſauvage ; il perce le fruit du Figuier cultivé afin d'y dépoſer ſes œufs, & en même tems il répand dans le réceptacle ſur les fleurs femelles la pouſſiere fécondante des fleurs mâles. Sans cette opération le fruit meurit, mais il ne donne pas de graines, c'eſt ce qui fait que dans nos jardins les figues ne ſe peuvent propager que par bouture. En Orient, on ne laiſſe pas à la nature ſeule le ſoin de meurir le fruit, mais on y apporte beaucoup d'art & d'attention ; un arbre de même taille, qui, en Provence où l'on ne pratique pas la Caprification, ne donne que 25 livres de fruit, en produit dix fois autant dans les Isles de la Grece , par le procédé indiqué.

3. PELORIA. Peloria. *D. Rudberg.* 1744.

C'est une description & une figure d'une variété très-extraordinaire du Muflier Linaire, (*Antirrhinum Linaria,* sp. pl. 858,) trouvée dans différentes parties de la Suéde, & depuis en Alle-magne , cette plante fixa toute l'attention des Botanistes, elle est à la vérité très-singuliere, la corolle au lieu d'être personée, à quatre étamines avec un nectaire en éperon ; étoit Monopetale, à cinq étamines & cinq nectaires. Linné découvrit que ce n'étoit qu'un monstre ou plante Hybride formé par l'*Antirrhinum Linaria.* On n'a pas encore pu découvrir quelle est l'autre plante, à qui elle doit son origine , le *Facies* de la plante & ses qualités sensibles, sont les mêmes que celle de l'*Antirrhinum Linaria.*

4. CORALLIA BALTICA. Coraux de la Baltique. *H. Fought.* 1745.

L'auteur après avoir tracé l'Histoire des Coraux , & considéré les différentes théories qui ont été admises relativement à leur pro-duction , adopte celle des modernes qui l'at-

tribuent à des Polypes , & qui a été confimée
depuis par Ellis & par d'autres Naturaliftes. Il
donne une defcription très-détaillée de 20 efpeces , toutes trouvées dans la mer Baltique ,
& il y joint une excellente gravure. On trouve
ces corps en grande maffe dans différentes parties de cette mer. Sur les rivages de la Gothlande, on marche fur des lits entiers de Coraux,
pendant l'efpace de plufieurs milles.

5. AMPHIBIA GYLLENBORGIANA. Amphibies
du Comte Gyllenborg. *B. R. Haft.* 1745.

Defcription détaillée de vingt - quatre efpeces d'animaux de la claffe des Amphibies,
préfentés par le Comte Gyllenborg , à l'Univerfité d'Upfal, dont il étoit alors Chancelier,
& dont il s'étoit montré déjà un des plus zélés
protecteurs, en faifant conftruire pour elle un
obfervatoire fourni d'inftrumens aftronomiques,
& en rétabliffant le jardin qui étoit en ruine
depuis long - tems. Il fit préfent à cette Univerfité de fon cabinet , qui étoit fort précieux
& confiftoit principalement en Amphibies ,
Infectes, Coraux & Minéraux fort rares & en
plufieurs ouvrages de l'art fort curieux.

Linné a donné dans cet opufcule , le premier
effay de fa méthode pour les defcriptions Zoolo-

giques, & auſſi la premiere tentative pour fixer les caracteres ſpécifiques de l'ordre des ſerpents, d'après le nombre des écailles & des écuſſons du corps & de la queue ; les premiers auteurs ont eu ſeulement recours à la couleur pour caractériſer ces animaux, mais ce caractere étoit fort inconſtant & a donné lieu à une prodigieuſe multiplication des eſpeces ; les caracteres de Linné ont été adoptés, & il les a conſervés dans ſon *Syſtema naturæ*.

6. PLANTÆ MARTINO-BURSERIANÆ. Plantes de Martin-Burſer. *R. Martin.* 1745.

Burſer, diſciple & ami de Gaſpard Bauhin, & profeſſeur de médecine à Sora, dans le royaume de Naples, après avoir voyagé dans toute l'Europe, & avoir recueilli ſurtout les plantes Alpines les plus rares, en avoit formé un *Jardin ſec*, un Herbier, en 25 volumes. Cet Herbier après avoir paſſé dans pluſieurs mains, fut enſuite donné par M. Coijet, à l'académie d'Upſal.

Le but de ce traité eſt de décrire les plantes les plus rares de cette collection, & principalement celles qui paroiſſent avoir été inconnues à Burſer, & d'y ajouter les noms ſpécifiques d'après d'après la méthode de Linné ; on y dénombre ainfi 240 efpeces.

7. Hortus Upsaliensis. Jardin d'Upfal. *S. Naucler.* 1745.

On commença en Europe à établir des jardins botaniques, vers le milieu du 16e fiecle ; le premier étoit celui de Padoue en 1540 ; le Jardin d'Upfal fut fondé en 1637 par Charles Guftave, fous la direction de l'ancien Rudbeck. Nous avons déjà vu combien Linné l'avoit augmenté ; l'hiftoire de l'état ancien & moderne de ce jardin, donnée par S. Naucler, contient plufieurs particularités très curieufes, elle eft accompagnée d'une planche qui repréfente le jardin & fes dépendances, & ce qui eft encore plus intéreffant de la vie des deux Rudbeck, dont la réputation littéraire eft établie fur leurs grandes connoiffances dans la botanique, l'anatomie & les antiquités.

8. Passiflora. Páffiflora. (Grenadille.) *J. C. Hallman.* 1745.

C'eft une hiftoire méthodique de ce genre de plantes fi beau & fi admirable. Les premiers Catholiques qui le virent en Amérique, crurent voir dans la fleur, l'apparence d'une croix.&

X

la nommèrent *fleur de la Paſſion* , elle obtint bientôt un rang diſtingué dans les Jardins d'Europe.

M. Hallman, après avoir donné la liſte des auteurs qui en ont décrit quelques eſpeces, depuis Pierre Ciltras & Monard juſqu'à Dillen, en diſtingue 22 eſpeces , & donne leurs différents ſynonymes , il joint à la fin un catalogue des eſpeces douteuſes; il a indiqué l'uſage que les Amériquains font de ces plantes d'après Piſon ; une planche qui accompagne cette diſſertation , offre la repréſentation de la fleur, & la forme des feuilles de chaque eſpece.

La *Grenadille* ou *Fleur de la Paſſion* appartient à la Gynandrie pentandrique , on en compte à préſent 26 eſpeces, ſans parler de deux autres que M. Jaquin a récemment rapportées de Carthagêne; toutes les autres Grenadilles appartiennent à l'Amérique ſeptentrionale , & ne ſe trouvent nulle part ailleurs.

9. ANANDRIA. Anandria. *E. Z. Turſen.* 1745.

Hiſtoire d'une plante de Sibérie très-finguliere. Elle n'avoit point ouvert ſon calice pendant le temps de ſa floraiſon, & fut pour cela nommée Anandria par le docteur Siegesbeck de Petersbourg , qui ſe figura qu'elle étoit dépourvue d'étamines & crut que cet exemple renverſeroit le ſyſtéme ſexuel de Linné, dont il s'étoit montré un des plus ardents antagoniſtes ; il compoſa un traité dans lequel il aſſuroit que les étamines n'étoient point eſſentielles à la plante, & qu'elle fructifioit ſans le ſecours de la pouſſiere des antheres.

Cette plante eſt de la Syngeneſie & du genre *Tuſſilago*, Tuſſilage, elle eſt nommée dans le ſyſtême *Tuſſilago Anandria, ſcapo unifloro, ſubſquamoſo, erecto, foliis lyratoovatis.* Des obſervations faites depuis dans des climats plus chauds que la Sibérie, ont prouvé que le calice s'ouvre & que c'eſt une fleur radiée. La diſpute que Gleditſch, profeſſeur de Berlin, ſoutint alors en faveur du ſyſtéme ſexuel étendit beaucoup les connoiſſances & contribua à répandre la méthode de Linné, qui fut adoptée par de vieux botaniſtes, preſque malgré eux.

10. ACROSTICHUM. Acroſtichum. *J. B. Heiligtag.* 1747.

Diſſertation botanique ſur un genre de plante appartenant à l'ordre des Fougeres, que les premiers botaniſtes appelloient Epiphyllospermes, parce que les parties de la fructification ſont placées ſur le dos des feuilles. Après quelques obſervations générales ſur ces plantes qui ont auſſi été nommées Capillaires ; après avoir indiqué la place qu'elles occupent & leurs caracteres, dans les différents systêmes de Ray, de Morison, de Tournefort & de Linné ; l'auteur donne une ample description des especes du genre *Acrostichum*, avec leurs synonymes.

Ce genre est pricipalement remarquable en ce que sa fructification est répandue sur toute la surface des feuilles , & le nombre des especes, dans la derniere édition du systême, est porté à 30 ; elles sont en général particulieres à l'Amérique , trois seulement appartiennent à l'Europe ; ces plantes sont fort singulieres & ont mérité l'attention des botanistes ; cette dissertation est accompagnée d'une planche qui en représente 5 especes.

11. MUSÆUM ADOLPHO-FREDERICIANUM. Museum de Frederic-Adolphe. *L. Balk.* 1746.

Cette dissertation est entierement Zoologique, elle contient une description de 65 des plus rares especes d'animaux, qui furent donnés au Museum de l'Université, par le Roi Adolphe, alors prince héréditaire. Ces descriptions faites avec soin, selon la méthode de Linné, sont citées dans ses ouvrages postérieurs & ont encore leur valeur. Cette collection étoit principalement formée d'Amphibies & de Poissons.

Nous citerons feulement une excellente def-cription du Chaméleon, *Lacerta Chamœleon*, Syft. 346 ; de l'*Amphisbæna fuliginofa*, Syft. 392, du *Crotalus horridus*, Serpent à fonnette, & de la Torpille, *Torpedo*, qui a fixé l'attention des Electriciens , & aufli de ce poiffon fingulier appellé *Soldigo* par les Portugais , le *Silurus Callichthys*, Syft. 506, que Maregrave & Pifon difent traverfer les terrres pendant la féchereffe , pour aller chercher de l'eau de ruiffeau en ruiffeau. Cette differtation eft accompagnée de quelques figures.

12. SPONSALIA PLANTARUM. Mariage des Plantes. *J. G. Wahlbom.* 1746.

Les preuves & les expériences fur lefquelles la doctrine fexuelle eft établie font rapportées dans cette differtation. Elle en contient l'explication la plus étendue. C'eft un commentaire du cinquieme Chapitre des *Fundamenta* ou de la *Philofophia botanica* , depuis la fection 132 jufqu'à la 150ᵉᵐᵉ. exclufivement.

Il n'entre pas dans notre plan de détailler toutes les raifons qui y font déduites ; il fuffit de dire que, quoique d'après les écrirs de Theophrafte & de Pline , nous ,fachions que les anciens avoient quelques idées de l'analogie des plantes, à cet égard, avec les animaux, idée qui leur avoit été fuggérée par la maniere dont on feconde les dattiers; leur opinion fur ce fujet étoit fi peu claire & fi érronnée qu'ils donnoient fouvent le nom de plantes mâles aux femelles & de femelles aux mâles. Il ne paroît pas qu'on ait eu d'idées pré-cifes fur ce point avant le dernier fiecle. Il eft intéreffant de déterminer à qui on doit l'hon-neur de cette découverte ; l'Angleterre pourroit peut-être réclamer en faveur de Thomas Mil-lington , qui paroît avoir été le premier qui en ait donné l'idée au docteur Grew. Depuis cette époque, cette doctrine a été bien éclaircie, & perfonne ne doute à préfent que l'influence de la pouffiere féminales des antheres fur le ftig-mate ne foit effentiellement néceffaire pour ferti-lifer la femence. Si quelqu'un veut voir quels font les argumens contre cette doctrine, ils font rapportés dans l'Anthologie de Pontedera & dans la differtation de M. Alfton fur la botanique,

13. NOVA GENERA PLANTARUM. Nouveaux genres des Plantes. *C. M. Daffow.* 1747.

On décrit & on établit dans ce traité les caracteres naturels de 43 nouveaux genres, ils ont tous été claffés depuis dans la cinquieme édition des *genera Plantarum* , publiée par Linné en 1754.

14. V̧IRES PLANTARUM. Propriétés des Plantes.
F. Haſſelquiſt. 1747.

Pluſieurs medecins praticiens ont imaginé qu'il ſeroit poſſible de connoître les propriétés des plantes, d'après les rapports de leur forme, de leur fructification & leur place dans les claſſes ou dans les ordres naturels. M. Petiver avoit riſqué quelques réfléxions de ce genre. Dans les Tranſactions Philoſophiques, n° 255, Abregé de Lowthorps, t. 11. p. 704. Le doctéur Hoffman a donné une diſſertation ſur ce ſujet dans le premier volume de ſes œuvres, p. 58. C'eſt auſſi le but de cet écrit d'Haſſelquits, ce ſavant & malheureux diſciple de Linné.

Ce Traité eſt un Commentaire du douziéme Chapitre de la *Philoſophia botanica.* Il contient une Théorie générale ſur les propriétés des plantes, & une énumération des ordres naturels & artificiels qui peuvent conduire au but déſiré. Pour citer quelques exemples, les plantes étoilées du Syſtême de Ray ſont diuretiques, les Borraginées ſont adouciſſantes, les Ombelliferes qui croiſſent dans des lieux ſecs ſont aromatiques, principalement les racines & les ſemences, mais celles qui croiſſent dans des lieux humides ſont plus ou moins déléteres. Les plantes de l'Icoſandrie du ſyſtême de Linné ont des fruits

délicieux & nourriſſants, la plupart de ceux
des plantes de la Polyandrie ſont des poiſons.
Les Syngeneſiques ſont ordinairement ameres,
&c. Nous ne diſſimulerons pas qu'on regarde
en général la *méthode naturelle* & ſon application
tion à la médecine, comme la pierre philoſophale de la botanique, mais cela ne doit pas
empêcher de faire les plus grands efforts pour
la porter s'il eſt poſſible à ſa perfection.

15. DE CRYSTALLORUM GENERATIONE.
Génération des Cryſtaux. *M. Kahler*. 1747.

L'auteur de ce traité y diſcute l'opinion de
Linné qui attribue à une ſeule & même cauſe,
la figure Polyedre & réguliere des Cryſtaux;
cette cauſe agit ſur eux pendant qu'ils ſont ſuſ-
pendus dans les menſtrues liquides. Il en con-
clut que ces corps pierreux, pyriteux ou
arſenicaux, ſont tous ſalins; de-là naît ſon
arrangement des Spath, Selénite, Quartz,
Gemme, parmi les ſels, d'après la forme
de leurs Cryſtaux. Cette opinion déplut
aux minéralogiſtes, & c'eſt ce qui a rendu
le ſyſtême de Linné ſur cette partie moins
répandu que les autres. Il rapporte les pierres
cryſtalliſées aux ſels dont ils ſe rapprochent
par leur figure. Cette idée a été ſuivie depuis
d'une maniere plus étendue par M. Romé

de Lifle, dans un effai imprimé à Paris en 1772 ; il faut avouer que la matiere eft d'une grande difficulté ; le tems montrera ce que les recherches des naturaliftes & des philofophes modernes, nous apprendront fur l'origine de plufieurs fubftances qui ont une bafe cryftalline ou vitreufe. Ces recherches font celles qui paroiffent les plus propres à réfoudre la difficulté.

16. SURINAMENSIA GRILLIANA. Productions de Surinam, données par M. Grill. *P. Land.* 1748.

Defcription étendue de 25 individus du regne animal, principalement des ferpents, raffemblés à Surinam par M. Gerret, célebre pour avoir le premier introduit & cultivé le café avec fuccès en Amérique. Il avoit envoyé ces curiofités à M. Grill, riche habitant de Stockolm, & celui-ci les avoit donnés à l'Univerfité ; on y trouve une excellente defcription du ferpent à fonnette, & particulierement une defcription & une figure du Serpent Conftricteur, *Boa Conftrictor*, ce Serpent gigantefque dont Pifon, Kempfer & Adanfon ont écrit des chofes fi merveilleufes ; la planche repréfente auffi le *Cæcilia tentaculata*. Syft. 293. *Coluber Ammodites*. Syft. 376. & une Sauterelle d'Egypte. *Gryllus Criftatus*. Syft. 699.

17. Flora œconomica. Flore économique. *E. Aspelin.* 1748.

Il n'y a peut-être pas dans ce recueil de traité plus utile que celui-ci ; il contient l'énuméra ion des plantes indigènes qui peuvent être utiles pour l'agriculture & l'économie rurale, dans les arts, ou dans la cuisine. Il n'y est pas parlé de leurs propriétés médicales. Les plantes y sont rangées selon l'ordre de la *Flora Suecica*, mais sans descriptions. Un pareil ouvrage manque à l'Angleterre, il faudroit qu'il fût plus étendu, & écrit dans la langue du pays ; cet ouvrage seroit assurément bien reçu, il apprendroit l'usage d'une foule de plantes négligées & exciteroit un esprit de recherches qui conduiroit à de nouvelles découvertes.

18. Curiositas naturalis. Curiosité naturelle. *O. Soderberg.* 1748.

Cette dissertation termine le premier volume ; l'Auteur s'y propose d'exciter le goût de l'étude de l'Histoire Naturelle, en faisant voir par une suite de raisonnement & d'observation, son utilité & son importance pour le bonheur de l'humanité. Toutes ces considérations engagent l'auteur à regarder cette science comme la plus digne d'occuper un philosophe.

TOME II. 1752. pp. 468.

19. ŒCONOMIA NATURÆ. Économie de la Nature. *J. F. Biberg.* 1749 (136).

Æternæ funt vices rerum.
SENECA, Nat. 3. 1.

LINNÉ définit d'abord ce qu'il entend par Économie de la nature, c'eft le but commun & réciproque des chofes naturelles ; il lui feroit impoffible dans une feule differtation de traiter tous les détails de ce fujet : il entreprend feulement de parler de la propagation, de la confervation & de la deftruction, mais il débute avant par quelques apperçus fur le monde en général.

La terre eft environnée des élémens & les trois regnes ornent fa furface, ceux qui veulent connoître fon intérieur peuvent recourir aux Syftêmes les plus connus.

Après des généralités très - intéreffantes fur la terre habitée, Linné examine les trois regnes fous les trois chefs dont nous avons déjà parlé, la *Propagation*, la *Confervation*, & la *Deftruction.*

Le regne minéral ne contient pas des corps organifés, ils ne peuvent donc pas fe propager, mais d'autres corps peuvent les réunir en les englobant, ce qui produit la variété des individus de ce regne. Le défaut d'organifation les rend plus durs & eft la caufe de leur confervation ; cependant l'action de l'air, de l'eau, des vents, des courants, tend à les détruire ; des animaux, tels que les Vers teftacés, les Solen, l'*Helix lapicida* les rongent, les attenuent & les détruifent.

Le regne végétal fe propage par des femences comme le regne animal par des œufs, outre cela les feuilles & les branches de certains végétaux confiées à la terre font douées d'une propriété réproductive ; plufieurs caufes concourent à répandre les femences fur fa furface : les vents emportent les femences ailées ou aigretées ; les épines de quelques-unes s'attachent aux fourrures des animaux qui vont les porter dans des lieux appropriés ; fouvent les animaux rendent des femences digérées, & douées encore d'une vertu germinative, les Taupes, les Cochons &c. retournent la terre fur ces femences qui pouffent dans leur faifon. Les plantes fe confervent & fe multiplient dans les lieux & les climats qui leur font propres, c'eft ce qui produit cette multitude de différences ; les plantes toujours vertes croiffent dans des lieux agreftes ; celles qui contiennent une liqueur, dans des deferts arides, pour defaltérer les animaux & les voyageurs ; les mouffes, les lichens ont leur propriété; les Gramens font multipliés par tout, parce que par-tout il fervent à la nouriture des Frugivores, mais la Larve de la *Phalena Calamitofa*, s'oppofe à leur trop exeffive multiplication, enfuite les plantes fe pouriffent & deviennent une terre, *Humus*, propre à faire naître & à nourrir d'autres plantes ; c'eft ainfi que les Lichens cruftacés s'attachent aux roches polies, les Lichens embriqués leur fuccedent, puis les Mouffes, les plantes, les arbriffeaux & les arbres. Enfin les grands Lichens pompent le fuc des arbres morts, les Champignons les attaquent encore plus, les infectes tels que les *Cerambyx*, les Scarabées, les *Lucanus*, la *Phalæna coffus* les percent en mille endroits, les attenuent & les détruifent tout-à-fait, les bois placés fous l'eau ne peuvent même échapper à cette deftruction, le Taret, *Teredo navalis* en vient bien-tôt à bout.

Le regne animal ne fe propage pas par des moyens moins admirables, des fignes annoncent dans certaine faifon le défir de l'accouplement, chez les animaux l'œuf fécondé a befoin d'un certain dégré de chaleur, pour que l'embryon

en forte, & ce dégré de chaleur s'obtient par
différents moyens; les quadrupedes font leurs
petits vivants & les nourriffent de leur lait ;
les oifeaux couvent leurs œufs; les poiffons,
les amphibies pofent leurs œufs dans des lieux
où le foleil les fait éclore ; les infectes les
placent fur des plantes ou d'autres fubftances dont les petites larves puiffent tirer leur
nourriture. Dès que les petits font grands,
leurs peres qui montroient pour eux tant de
follicitude, ne les foignent plus, ils cherchent
chacun la nourriture qui leur eft propre &
qui differe tellement, que rien ne demeure in-
tact dans la nature & qu'il n'eft point d'animal
même mort ou vivant qui ne nouriffe d'autres
animaux ; dans les déferts, le Chameau a un
eftomach qu'il remplit d'eau pour le befoin ;
le Pélican a fous le bec une poche deftinée au
même ufage; les uns vivent dans l'eau, d'autres
fur la terre, d'autres dans l'air, tout l'efpace
en eft rempli; c'eft par ces moyens qu'ils pour-
voyent à leur confervation; mais leur nombre
fe multiplieroit à l'infini, s'ils ne devenoient eux-
mêmes la proie d'animaux plus vigoureux, &
s'ils ne devoroient les plus foibles. C'eft ainfi
que l'équilibre eft établi dans la nature, chaque
efpece a pourtant des moyens pour échapper
à fes ennemis, afin qu'elle ne périffe pas toute

entiere ; les cadavres nous infecteroient ſi les animaux carnaſſiers , les Loups , les Chiens , les Oiſeaux de proie & les inſectes carnivores ne prenoient le ſoin de nous en débaraſſer bientôt; tout a donc été fait pour l'homme , placé au milieu des êtres ils ſont faits pour ſes beſoins & ſes jouiſſances , & il ne juge inutiles que ceux dont il méconnoît l'uſage.

Cette diſſertation eſt du plus grand intérêt. L'enchaînement des idées , la force des raiſonnemens , le choix & la chaleur des expreſſions ſont admirables.

20. TÆNIA. Le Tænia. *G. Dubois.* 1748.

Dans le tems ou ce traité fut écrit , ce ſujet fixoit toute l'attention des médecins & des naturaliſtes Suédois, & particulierement de Linné & de ſon collegue Roſen, dont la famille étoit cruellement tourmentée par ce dangereux animal, ainſi qu'il paroît par ſon traité des maladies des enfans , traduit en Anglois , par le docteur Sparmann.

L'auteur a décrit & figuré 4 eſpeces qui ſe trouvent dans les inteſtins des animaux & principalement des quadrupedes carnivores ; deux eſpeces, & ſur-tout le *Tænia folium* habitent très-fréquemment le corps de l'homme. Les différences fpécifiques entre les *Tænia* confiftent dans le nombre ou la difpofition des bouches ou fuçoirs fur chaque anneau ; l'hiftoire du *Tænia* a occupé plufieurs hommes célebres & elle eft cependant encore fort obfcure.

Les Vers plats qui infeftent principalement le corps de l'homme font appellés par Linné, *Tænia folium* & *Tænia vulgaris*. Syft. Nat. p. 1323 ; ils s'étendent quelquefois depuis le duodenum jufques dans tout le refte des inteftins.

On a beaucoup difputé pour favoir fi le *Tænia* avoit quelque partie analogue à la tête des animaux, l'auteur de cette differtation affure le contraire, il le regarde comme un animal compofé, confiftant en une chaîne dont chaque anneau eft un animal parfait, muni d'une bouche & de tous les organes propres à le faire reproduire quoique féparé de la chaîne, comme par une force végétative, indépendante de celle qui produit les animaux vivipares ou ovipares.

Le docteur Tifon penfoit tout autrement, il a figuré la tête du *Tænia*, dans les tranfactions philofophiques, nᵒ. 147, abregé de Lowthorps. Vol. I I I. p. 130. Le docteur Pallas dans fon *Elenchus Zoophytorum* & quelques autres auteurs ont auffi adopté l'avis contraire à celui de Linné.

Les

Les vers Cucurbitains des auteurs précédents font regardés comme les anneaux poftérieurs du *Tænia folium*, & Linné penfe qu'ils peuvent s'étendre de nouveau & former une autre chaine; felon Pallas & les autres, les jointures font remplies d'œufs; l'opinion de Linné rend compte de la raifon pour laquelle il eft fi difficile de chafler ces êtres nuifibles. Linné ne nie pourtant pas qu'ils puiffent fe propager par des œufs. Ils font très-petits, dit-il, & on les trouve dans les eaux bourbeufes. Pallas n'adopte pas ce fentiment. L'opinion de Linné a pourtant été démontrée par des obfervations fubféquentes; & il eft certain que fi l'on n'admet pas que ces vers puiffent habiter ailleurs que dans les inteftins, on ne peut pas définir les caufes de la localité des maladies qu'ils occafionnent.

Je ne puis étendre davantage l'analyfe de ce traité, j'ajouterai feulement, qu'il offre encore un index des écrivains qui méritent le plus d'être confultés fur cette matiere.

21. LIGNUM COLUBRINUM. Bois de Serpent. *J. A. Darelius.* 1749.

C'eft une recherche critique pour déterminer l'efpece de la drogue appellée *Lignum Colubrinum*, qui fut, dit-on, indiquée aux Indiens, par l'Ichneumon, ou Mangouste, *Viverra Ichneumon*, β, L. Syſt. 63. Les habitans de l'Iſle de Ceylan font uſage de ce bois comme d'un antidote contre le poiſon du Serpent cornu ou *Naja*, nommé auſſi *Cobra de Capello, Coluber Naja*, Syſt. 382, dont Kempefer a donné une hiſtoire très-circonſtanciée comme du plus venimeux de tous les Serpents.

Darelius trace l'hiſtoire de ces deux merveilleux animaux; il examine la drogue que l'on vend communément en Europe fous le nom de *Lignum Colubrinum*, Voy. Dale, Pharmacol. p. 378, Le *Strychnos Colubrina*, Spec. plant. 271. Il penſe que la plante indiquée par la Mangouſte eſt celle décrite par Kempfer, fous le nom de *Radix Mungo*, p. 557. Cette plante a été claſſée dans le ſyſtême, dans la Pentandrie, fous le nom d'*Ophiorrhiza Mungoz*, & elle eſt figurée dans la matiere médicale de Linné. On la donne dans l'Inde & à Ceylan, non-ſeulement comme un antidote contre le venin du Serpent, mais auſſi contre les morſures des Chiens enragés & contre les fievres putrides. Grimmius qui a long-tems pratiqué la médecine à Columbo, dans l'Iſle de Ceylan, dit en avoir fait un grand uſage. Darelius indique enſuite les diverſes préparations de ce médicament, & la formule de la fameuſe pierre de Goa, dont cette racine eſt un des principaux ingrédients. Il termine par des recherches ſur l'effet de la Drogue batarde du même nom, il eſt à peu-près le même que celui de la noix vomique, avec laquelle cette plante ſe rapporte pour le genre.

22. Radix senega. Racine ſenega. *J. Kier-nander.* 1749.

L'Ophiorriza bannit en Aſie la terreur qu'inſ-pire le Serpent Naja ; la racine Senega pro-duit le même effet en Amérique à l'égard du ſerpent à ſonnette, *Crotalus Horridus, Syſt. 372.* Après avoir tracé l'hiſtoire de ce terrible Ser-pent d'après Catesby, le docteur Kiernander donne la deſcription botanique & médicale & l'hiſtoire de cette fameuſe plante, dont les Indiens ont long-tems fait un myſtere aux Euro-péens ; les auteurs citent des plantes que les Européens ont confondues & auxquelles ils ont attribué les effets de celles-ci contre la morſure des ſerpents à ſonnette. Enfin le docteur Tennet découvrit que c'étoit une eſpece de Laitier, connu dans Linné ſous le nom de *Polygala ſenega, Sp. pl.* 990. Il y a 20 eſpeces de *Poly-gala* : la figure de celle-ci eſt jointe à ſa deſ-cription. Cette racine a une acreté ſur le palais dont toute la matiere médicale n'offre peut-être aucun autre exemple; l'auteur donne l'analyfe de cette racine, il rapporte fes effets qui font fialagogues, diurétiques & expectorans, & les diverfes préparations qu'elle fournit contre les maladies inflammatoires, l'Hydropifie, la Goutte & le Rhumatifme, & une maladie endémique de la Virginie, connue fous le nom de *Marafmus Virginicus*, Marafme de Virginie. Enfin, fes effets comme antidote contre le venin du ferpent à fonnette. Les Indiens qui en ont été piqués, mâchent cette racine, en expriment le jus, & appliquent les morceaux mâchés fur la plaie. La racine du Laitier commun, *Polygala vulgaris* qui eft abondant en Europe, paroît poff1éder auffi les vertus du *Polygala Senega*, mais dans un degré moins éminent.

23. GENESIS CALCULI. Origine du calcul. *J. O. Hagftrom*. 1749.

Avant de confidérer immédiatement l'origine du calcul des conduits urinaires, le docteur Hagftrom donne quelques obfervations préliminaires fur les fubftances calcaires en général, & il fait l'énumération des différentes concrétions calculeufes & de leur pofition dans le corps humain; ces différents calculs font ceux de la veffie, des glandes falivaires, des poumons, de l'eftomac, du foie & enfin le calcul de la Goutte; il confidere enfuite les parties conftituantes de l'urine & les changements qu'elle peut éprouver relativement à la faveur, à l'odeur, à la couleur; il rapporte un trait affez fingulier d'un homme qui, tourmenté d'acidité d'eftomac, prit une grande quantité de chaux qui donna à fon urine une apparence laiteufe.

Linné relativement à la formation du calcul, adopte la théorie de Boerrhaave & l'attribue à la cryftallifation, cela le conduit à examiner les circonftances qui peuvent l'accélérer ou retarder la formation de ces concrétions & à chercher quelles peuvent être les caufes de cette maladie; il les trouve dans l'atonie & dans l'ufage des acides & des liqueurs fermentées ; il termine l'explication de fa théorie par quelques réflexions fur la grande analogie entre cette maladie, & la goutte.

Quant à la partie thérapeutique ou curative, l'auteur ne paroît pas avoir grande confiance dans tout ce que l'on a dit de l'efficacité des Alkalis pour diffoudre le gluten & opérer ainfi la décompofition de la pierre; il incline plutôt pour l'ufage des amers comme contraires à l'atonie : il produit des exemples communiqués par Linné, fous la préfidence duquel il défend cette thefe de l'ufage de l'eſſence d'abſinthe dans cette effrayante maladie : il termine par une obſervation ſur le régime du lait contre la pierre & contre la goutte ; il en confirme l'efficacité par deux exemples qui prouvent combien il eſt néceſſaire dans ces maladies de conferver ce régime quand on l'a adopté, le premier ſurtout en démontre la néceſſité c'eſt celui d'un général françois (136) qui, par l'uſage du lait, vécut 20 ans, ſans reſſentir aucune atteinte de cette maladie à laquelle il étoit fort ſujet avant ce tems, il voulut l'abandonner à 70 ans & mourut d'un accès.

24. GEMMÆ ARBORUM. Bourgeons des arbres. *P. Læfling.* 1749.

Læfling eſt celui qui obtint à la recommandation de Linné, une penſion comme naturaliſte du roi d'Eſpagne, & qui mourut au ſervice de ce prince en Amérique ; il a donné dans cet écrit des obſervations curieuſes & ſoignées ſur les bourgeons des plantes qui, juſqu'à lui n'avoient pas encore été eſſentiellement examinés.

Les bourgeons ſont des petits corps ronds, ſitués ordinairement ſur les branches & qui contiennent le rudiment ou de la fleur, ou des feuilles, ou de la fleur & des feuilles réunies ; ils font analogues au bulbe de la fleur qui renferme la plante parfaite qui doit naître, & qui a befoin d'une enveloppe ; Linné appelle ces bulbes & ces bourgeons *Hibernacula*, parce qu'ils renferment l'embryon pendant l'hiver ; les bourgeons appartiennent effentiellement aux arbres. Après un apperçu général du fujet, Lœfling donne une claffification de 108 efpeces d'arbres & d'arbriffeaux faite d'après les bourgeons,& fondée fur les différences qu'ils préfentent dans leur forme & dans leur ftructure ; d'après cet arrangement on peut reconnoître les efpeces pendant l'hiver & quoiqu'elles n'ayent plus leurs feuilles.

25. PAN SUECUS. Pan Suédois. *N. L. Heffelgron.* 1749. (137)

L'auteur traite dans cet écrit de la nourriture des beftiaux ; il y rend compte des expériences qui ont été faites à ce fujet fur les bœufs, les chevres, les moutons, les chevaux & les cochons. Toutes les plantes qui peuvent fervir de nourriture aux troupeaux, font indiquées felon les numéros de la *Flora Suecica*, & un figne indique fi l'animal dont le nom eft au haut de la colonne s'en repaît ou la refufe (138), fignifie qu'elle lui eft agréable (139), qu'elle lui déplaît, voici un exemple de la difposition qui y eft obfervée.

Monandrie.

	Porcs.	Chevaux.	Moutons.	Chèvres.	Bœufs.
1. Hippuris vulgaire. . .	0	0	0	0	1

Diandrie.

	Porcs.	Chevaux.	Moutons.	Chèvres.	Bœufs.
4. Troene.	1	1	1	0	0

Le nombre des expériences eft de 2314, d'après lefquelles on fait que les

	mangent		refufent
Bœufs	276 Plantes, & en	refufent	218.
Chèvres	449		126.
Moutons	387		14.
Chevaux	262		212.
Porcs	72		171.

Il refte donc 168 Plantes, dont aucun de ces animaux ne fait fa nourriture.

26. SPLACHNUM. Splachnum. *L. Martin.* 1750.

M. Martin encouragé par Linné avoit

visité la Lapponie l'été précédent, & il en avoit rapporté cette mousse rare & curieuse ; il donne dans ce traité une histoire botanique complette du genre *Splachnum*, dont la premiere espece remarquable par la forme élégante. de son chapeau, fut découverte pour la premiere fois par un Anglois en Norwege, & communiquée à M. Petiver; les trois autres especes ne sont pas rares dans les bois d'Angleterre.

M. Martin eut l'occasion de confirmer dans ce voyage l'opinion de Linné, relativement à la cause de cette colique qui tourmente si cruellement les Lappons, & qu'il a décrit dans sa *Flora Lapponica*, *p.* 99, en parlant de l'Angélique qui est un de leurs remedes. M. Martin pense que cette colique est la suite de ce qu'ils avalent souvent dans leurs eaux le *Gordius aquaticus*, espece de ver décrite dans la *Fauna Suecica*, n° 2068, & que Gesner & les anciens auteurs connoissoient sous le nom de *Vitulus aquaticus*, & de *Seta aquatica*, Soie aquatique, parce qu'il n'est pas plus gros qu'un cheveu.

27. SEMINA MUSCORUM. Semences des Mousses. *P. J. Bergius.* 1750.

Le docteur Bergius, qui a été depuis professeur de pharmacie & d'Histoire Naturelle à Stockolm, a jetté par ce traité un grand jour fur la fructification des plantes du fecond ordre de la Cryptogamie. On a cependant beaucoup écrit depuis cette époque fur le même fujet; on fait à préfent que les mouffes ont des fleurs féparées mâles & femelles. Les premieres font ordinairement fur de longs pédicules ; les femelles font très - cachées dans plufieurs genres, & Linné paroît douter lui - même fi cette pouffiere qu'on apperçoit dans les urnes des mouffes eft le pollen des antheres , ou la femence même (140).

28. MATERIA MEDICA È REGNO ANIMALI. Matiere médicale du Regne animal. *K. J. Sidren.* 1750.

Cette énumération contient 67 articles , & elle eft exécutée fur le même plan que la matiere médicale du regne végétal, *Materia medica è plantis* de Linné , dont il a été parlé.

29. PLANTÆ CAMSCHATCENCES RARIORES. Les plantes les plus rares du Camschatca. *J. P. Helenius.* 1750.

Defcription très - étendue de 26 nouvelles plantes de Sibérie , envoyées à Linné par le docteur Gmelin, qui y avoit paffé dix ans, aux frais de l'Impératrice de Ruffie, pour y raffembler les productions naturelles de cette partie de fon Royaume. On remarque principa‐ lement dans cette collection, cette plante fœtide, *Cimifuga fœtida*, Cimifuge ou chaffe punaife fétide, Syft. Nat. 11659, fi nuifible & fi ve‐ nimeufe aux infectes dont elle tire fon nom. La décoction de cette plante eft employée avec fuccès en Sibérie, contre l'hydropyfie. *Gmel. Flor. Sib. IV. p. 183.*

Linné a fait une remarque curieufe, c'eft qu'en vifitant les contrées orientales du Kamf‐ chatca, le botanifte s'apperçoit qu'il approche de l'Amérique feptentrionale, par le *facies* de plufieurs plantes. Cette obfervation étoit une préfomption de la proximité des deux conti‐ nents, avant qu'elle eût été confirmée par des découvertes réelles. L'auteur donne une lifte des plantes du Camfchatca, qui font abfolument les mêmes que celles que l'on trouve dans l'A‐ mérique feptentrionale.

30. SAPOR MEDICAMENTORUM. Saveur des médicaments. *J. Rudberg.* 1751.

Après quelques obfervations générales fur toutes les anciennes fectes des médecins, &

des réflexions fur le progrès des lumieres qui fait rejetter tout ce qui n'eft pas confirmé par l'expérience, & des confidérations fur la phyfiologie générale du corps humain, le docteur Roberg entre en matiere, & fon traité peut être regardé comme un excellent commentaire, du 363eme aphorifme de la *Philofophia botanica*, *Sapida in fluida & folida agunt*, les corps fapides agiffent fur les folides & les fluides.

Les Végétaux font partagés d'après ce principe, en 11 claffes établies fur les diftinctions tirées de leurs qualités fenfibles & principalement fur celles qui affectent le goût.

1	Sicca.	*Secs.*	7	Dulcia.	*Doux.*
2	Aquosa.	*Aqueux.*	8	Pinguia.	*Gras.*
3	Vifcofa.	*Vifqueux.*	9	Amara.	*Amers.*
4	Salfa.	*Salés.*	10	Actia.	*Acres.*
5	Acida.	*Acides.*	11	Nauseosa.	*Nauseabonds.*
6	Styptica.	*Styptiques.*			

Les médicaments font rangés fous chacun de ces chefs avec un commentaire qui apprend la maniere dont ils agiffent, les effets qu'ils produifent, & les maladies particulieres auxquelles ils font propres. Ce petit traité eft fort utile aux jeunes étudians & furtout à ceux qui veulent entendre la théorie médicale de Linné.

Les trois difcours de Linné qui terminent ce volume ont été analyfés dans le cours de l'ouvrage, pages 39 & 41.

TOME. III. 1756. 464. Pages

31. NOVA PLANTARUM GENERA. Nouveaux genres des plantes. *L. J. Chenon.* 1751.

Defcription de nouveaux genres & de nouvelles efpeces de plantes apportées de l'Amérique feptentrionale par Kalm qui y avoit paffé trois ans. L'auteur y parle préliminaire- ment de ceux qui ont écrit fur les plantes de l'Amérique feptentrionale avant Kalm : ces auteurs font Cornutus en 1625, Banifter dans l'hiftoire de Ray en 1680, Plukenet en 1691, Bobart en 1699, Ray dans fon fupplé- ment en 1704, Catesby en 1731, Gronovius ou plutôt Clayton en 1739, le docteur Mitchell en 1748, le gouverneur Golden en 1743; ces auteurs avoient enrichi la botanique de 77 genres nouveaux auxquels Kalm en ajouta huit. Comme ces plantes font placées actuelle- ment dans le fyftême, il feroit inutile d'en

parler. L'auteur a joint une planche qui repréfente fept des plus rares efpeces.

32. Plantæ Hybridæ. Plantes Hybrides.
J. Haartman. 1751.

Le fujet de cette differtation eft véritablement
important pour la fcience : comme il eft un peu
problématique, il a exercé la plume de plufieurs écrivains ingénieux, mais perfonne ne l'a
traité avec plus de fuccès que le docteur Gmelin
dans fon difcours académique, fur l'origine des
nouvelles plantes. *Sermo académicus de novo-
rum vegetalium ortu.* Tubing. 1749. Le docteur
Haartman attribue la poffibilité de cette origine
ou de cette création de nouveaux individus à
l'influence du pollen d'une efpece, fur le piftil
d'une autre ou du même genre ou d'un genre
différent. C'eft ainfi que fe reproduifent les plantes
que l'on nomme Hybrides. Les exemples de
ce mélange ou de ces productions de monftres
font très-fréquents dans le regne végétal. Mais
comme dans le regne animal, les métis ne
peuvent en général pas propager leur efpece
& produire des femences fertiles ; l'effet général de la culture & le nombre immenfe des
efpeces de certains genres, particulierement de
ceux d'Afrique, tels que les *Geranium, Erica,*

Mefembryanthemum , &c. font très-favorables à cette hypothefe.

Le docteur Haartman donne un catalogue de 34 efpeces de plantes bien connues, auxquelles il fuppofe une pareille origine ; il fpécifie auffi les plantes qu'il foupçonne avoir pu les produire ; il compare les différentes parties & le *facies* de chacune pour démontrer la poffibilité de cette origine. Cette lifte eft accompagnée d'une autre., de plantes dans lefquelles les traces de cette origine ne font pas auffi exactement marquées : parmi les plantes d'Angleterre qui reconnoiffent une pareille origine on peut citer la Véronique Hybride, *Veronica Hybrida*, qu'on croit avoir été produite par la *V.* Officinale, & la V. à épi, V. *Spicata*.

33. Obstacula medicinæ. Obftacles de la médecine. *J. C. Beyerften. 1752.*

L'auteur recherche & difcute les caufes qui ont retardé jufqu'ici les progrès de la médecine. Quelques-unes de ces caufes font, 1° le pouvoir de l'habitude ; 2° les théories fondées fur des hypothefes ; 3° qu'on ignore la Nofologie ; 4° le peu d'attention que l'on donne aux poifons prétendus ; 5° que les apoticaires ignorent la botanique , la matiere médicale , les

claſſes naturelles des Végétaux, &c. toutes ces
choſes ſont accompagnées d'obſervations & ap-
puyées ſur des exemples.

34. PLANTÆ ESCULENTÆ PATRIÆ. Plantes
comeſtibles indigenes. *J. Hiorth. 1752.*

Catalogue des plantes de Suéde qui entrent
dans les préparations culinaires & qui peuvent ſervir d'aliment. L'auteur y joint celles qui
peuvent ſe ſubſtituer à ces ingrédients que les
nations opulentes de l'Europe vont chercher à
l'extrémité du monde. On eſt ſurpris de voir
le grand nombre des plantes qui peuvent remplacer le pain. Ce catalogue contient 127 articles.

35. EUPHORBIA. Euphorbe. (Tithymale.)
J. Wiman. 1752.

Hiſtoire botanique complette d'un des genres
les plus étendus du regne végétal. Pluſieurs des
eſpeces qui le compoſent, entrent dans la matiere
médicale : il eſt de la Dodécandrie, & il n'en eſt
pas qui fourniſſe des anomalies plus fréquentes ;
il contient outre l'Euphorbe, *Euphorbium*, la
Cataputia des boutiques, ou Épurge, & tous
les Tithymales des auteurs.

L'auteur de cette diſſertation en décrit 53
eſpeces,

especes, avec leurs synonymes & l'indication de leurs propriétés en médecine; dans les *Species plantarum*, ce genre contient 52 especes, & on en pourrroit encore ajouter beaucoup d'autres ; on employe peu à présent les *Euphorbia*, surtout intérieurement, leur extrême acreté les rend d'un usage dangereux.

36. MATERIA MEDICA È REGNO LAPIDEO. Matiere médicale du regne minéral. *J. Lindhult.* 1752.

Le docteur Lindhult a compris sous 72 articles, les médicaments tirés du regne minéral, selon la méthode observée par Linné dans sa matière médicale du regne végétal.

37. MORBI EX HYEME. Maladies de l'hiver. *S. Brodd.* 1752.

Après l'histoire des maladies que le froid cause en Suéde, le docteur Brodd donne quelques apperçus sur l'effet d'un froid rigoureux sur les animaux de ce pays. Il change leur couleur, & rend les races plus petites, il en trouve des exemples chez l'homme même dans la Lapponie. Il parle ensuite de l'athmosphere, de la production des méteores & des différences

que préfentent les particules de la neige ; des
fignes des hyvers rigoureux, tels que les *Au-*
rores boréales ; de ceux de l'approche des tems
plus chauds , &c.

Après avoir fait l'énumération des maladies,
il indique les remedes qu'il leur croit propres.
L'auteur termine par un tableau des effets du
froid. Il cite fur-tout les hivers des années
1586, 1665 , 1684, 1709, 1740 & 1752 ;
dans ce dernier le point le plus bas du ther-
momètre de Celfius à Upfal , fut de 31 degrés , ce qui équivaut à 24 au-deffous de celui
de Fahrenheit.

38. ODORES MEDICAMENTORUM. Odeurs
des médicaments. *A. Wahlin.* 1752.

C'eft un ingénieux commentaire de cette
doctrine, que l'odorat peut conduire à la connoiffance des qualités des êtres, qu'on peut
d'après lui les claffer & en déduire leurs différens effets fur le corps humain; après quelques
obfervations générales , l'Auteur range les
fubftances odorantes en 7 claffes.

1	Aromatici.	5	Hircini.
2	Fragrantes.	6	Tetri.
3	Ambrofiaci.	7	Naufeofi.
4	Alliacei.		

Il explique briévement les effets de chacune de ces claſſes & leur maniere d'agir. Ce traité peut être regardé comme le commentaire du 362ᵉ aphoriſme de la *Philoſophia botanica* , & être joint à celui de la ſaveur des aliments.

39. NOCTILUCA MARINA. Lueur noĉturne Marine. *C. F. Adler. 1752.*

M. Adler qui fut à la Chine en 1748 , en qualité de chirurgien ſur un vaiſſeau Suédois , donne un extrait des opinions des auteurs ſur ces apparences lumineuſes que l'on voit ſur la mer dans les gros tems & dans le courant cauſé par le ſillonement du vaiſſeau. Il nous apprend que ce n'eſt qu'en 1749 qu'on découvrit que ce phénomène étoit certainement produit par un nombre infini de petits inſectes ; l'auteur en décrit & en offre la figure groſſie au microſcope. Cet animal eſt de la claſſe des *Vermes* & de l'ordre des *Molluſca* , il eſt appellé dans le Syſtéme *Nereis Noĉtiluca*, p. 1085, il n'eſt pas plus gros que la ſeizieme partie du pouce.

Les derniers auteurs ont jetté un plus grand jour ſur cette découverte, & décrit un grand nombre de ces phoſphores vivants.

40. RHABARBARUM. Rhubarbe. *S. Ziervogel.*
1752.

Hiftoire botanique & médicale du *Rheum
undulatum.* ¡Sp. pl. *531* , que l'auteur regarde
comme la véritable Rhubarbe. Elle avoit été
envoyée comme telle de Ruffie, par le profeffeur Gerber, au conful Sprekelfen de Hambourg qui l'avoit introduite dans plufieurs jardins.
Il faut actuellement tranfporter cette hiftoire
au *Rheum palmatum ,* qu'on fait généralement
être la véritable Rhubarbe dont on peut voir
la defcription & la figure dans les tranfactions
philofophiques, Tome *55.* p. 290, communiquée par le docteur Hope, profeffeur de botanique à Edimbourg , où il l'éleva de femences
& dont il tira une grande quantité de très-
bonne Rhubarbe. Le duc d'Athol l'a très-bien
élevé , & il feroit intéreffant de cultiver cette
plante dont l'importation cefferoit alors d'être
néceffaire. Il n'eft pas étonnant que le *Rheum
undulatum* ait été pris d'abord pour la véritable Rhubarbe , puifqu'il croît en Chine aux
environs de la grande muraille.

41. CUI BONO ? A quoi bon ? *C. Gedner.* 1752.

A quoi fervent toutes les recherches des

Naturaliftes ? C'eft une queftion bien fouvent dictée par l'ignorance & le défaut de curiofité. Linné y repond pleinement dans cette differtation qui n'eft pas fufceptible d'extrait & dont on peut joindre la lecture aux précédentes. *Curiofitas Naturalis & Œconomia Naturæ.*

42. Nutrix noverca. *F. Lindberg.* 1752.

Ce petit traité eft infiniment recommandable ; il contient tous les arguments qui prouvent qu'une mere doit allaiter elle-méme fon enfant, & les avantages qu'elle en retire ; on y trouve auffi quelques obfervations fur les maladies des enfants.

Ce fujet a été traité par des hommes habiles, mais l'ouvrage du docteur Lindberg ajoute une nouvelle force à tout ce que les philofophes modernes ont dit, par les preuves qu'il donne que les maladies des nourrices fe tranfmettent aux enfants.

43. Hospita insectorum flora. Flore hofpitaliere des infectes. *J. G. Forsskahl.* 1752.

L'auteur de cette differtation donne d'abord une hiftoire générale de ceux qui ont écrit fur

les infectes & de la maniere dont ils en ont traité ;
foit en faifant feulement des obfervations fur les
métamorphofes & l'économie de ces animaux ,
ou en décrivant les efpeces, comme ont fait Ray,
Geoffroy, de Geer , &c. il explique enfuite
fon plan , qui eft de claffer les infectes de
Suéde , felon la plante qui les nourrit , en
renvoyant par les defcriptions à la *fauna* & à
la *flora Suecica*, Cette partie de l'Hiftoire Naturelle des infectes a été fort négligée, & il
feroit à défirer que quelqu'un reprît la matiere
& la traitât avec plus d'étendue. Rien ne facilite-
roit davantage leur connoiffance, & les moyens
de détruire les efpeces dangereufes,

44. Miracula Insectorum. Miracles des
Infectes. *G. E. Avelin.* 1752.

Le but de M. Avelin eft d'exciter la curiofité & de diriger l'attention vers l'étude des infectes, en faifant connoître leur inftinct & leurs
propriétés. Plufieurs de leurs opérations font
inexplicables & fouvent fauffement attribuées à
d'autres caufes.

Rien ne le prouve mieux que l'hiftoire d'un
petit infecte ou plutôt d'un ver , que cette
differtation fait connoître pour la premiere fois.
Il eft vraiment curieux & digne d'être remar-

qué. Il arrive fréquemment en Finlande &
en Bothnie, & dans les autres provinces feptentrionales de la Suéde, que les habitans font
attaqués d'un mal poignant fixé à la main ou
à quelqu'autre partie du corps. Ce mal caufe
les douleurs les plus cuifantes, & il eft quelquefois mortel ; on a trouvé qu'il étoit plus fré-
quent en Finlande, furtout dans les lieux marécageux vers l'automne. Enfin, on a remarqué
que ce mal étoit caufé par quelques corps qui
tombent de l'air & pénetrent dans la chair. Les
Finlandois ont employé plufieurs remedes, un
cataplafme de lait caillé, ou de fromage eft
le meilleur ; l'animal abandonne la chair,
& on trouve un ver qui n'eft pas plus long
qu'un feizieme de pouce. Linné lui-même en
fut attaqué & a fouffert beaucoup; le docteur
Solander a donné une hiftoire complette de ce
ver dans les mémoires de l'académie d'Upfal ;
il eft nommé dans le Syftême *Furia infernalis,*
furie infernale. p. 1325. On ne fait pas encore
comment ce ver eft élevé dans l'air & peut s'y
foutenir (141).

45. Noxa insectorum. *M. A. Bœckner.*
1752.

Cette differtation curieufe & utile, indique

tous les infectes qui font le plus immédiatement nuifibles aux plantes & aux animaux. Ils
font rangés fous neuf divifions, felon les individus qu'ils mangent ou qu'ils détruifent.

1. Les infectes nuifibles à l'homme. L'auteur
paroît adopter l'opinion de M. de S. André &
de quelques médecins & naturaliftes français,
qui attribuent à des infectes du genre Acarus,
quelques maladies contagieufes & cutanées.

2. Ceux qui détruifent les chofes domef-
tiques, tels que les meubles, les couvertures,
les maifons mêmes & tout ce qui y eft contenu.

3. Ceux qui mangent les légumes & les
arbres fruitiers.

4. Ceux qui détruifent l'ombrage des bois.

5. Ceux qui infectent les champs.

6. Et ceux qui attaquent les quadrupedes,
les oifeaux, les poiffons, &c. &c.

Ces trois differtations font d'une grande importance pour l'économie rurale.

46. Vernatio arborum. *H. Barck.* 1753.

Effai curieux, peut-être le premier qu'on
ait tenté fur ce fujet. Il a pour objet la pouffe
des feuilles des arbres en Suéde; on y trouve
une foule d'obfervations faites à la demande de

Linné même , dans toutes les provinces du royaume , & dont le but eſt de connoître le tems de confier les plantes à la terre ; l'auteur y a joint une table qui indique d'un coup d'œil le jour auquel 19 eſpeces d'arbres naturels à la Suéde pouſſent leurs feuilles. Cette table ſert auſſi à connoître le jour auquel on a ſemé & moiſſonné l'orge dans les divers cantons du royaume. Il paroît d'après une table qu'à Pitha , vers le 63.ᵉᵐᵉ degré nord , pendant le cours de 12 ans, il y a eu 85 jours d'intervalle entre le tems de ſemer l'orge , & celui de le recolter ; & qu'à Upſal à 60 degrés cet intervalle a été environ de 105 jours, pendant l'eſpace de 6 ans. M. Barck penſe que la foliation du bouleau pourroit indiquer dans l'Uplande le tems de ſemer l'orge , & que d'autres arbres pourroient avoir la même utilité dans d'autres climats ; cette diſſertation fournit encore une autre obſervation curieuſe, c'eſt que malgré la différence du nombre de jours qu'il a fallu à l'orge pour murir dans la Laponie & dans l'Uplande, on trouveroit que la plus longue durée de jour dans la premiere contrée, donne une balance égale, relativement au ſoleil, au plus grand nombre de ceux de la derniere.

47. Incrementa botanices. Accroiſſements de la botanique. *J. Biuur.* 1753.

Hiſtoire conciſe des progrès de la botanique depuis ſon origine juſqu'à nos jours. Elle eſt diviſée en quatre périodes ; la premiere contient les anciens, Ariſtote, Théophraſte, Dioſcoride & Pline, qui n'ont fait que compiler les traditions qu'ils avoient reçues, & dont on peut à peine reconnoître les plantes d'après leurs deſcriptions, quoiqu'elles ayent été commentées pendant un ſiecle, tant ils avoient peu d'idée de ce que c'eſt qu'une différence ſpécifique. Mais nous devons rechercher leurs écrits, comme les ſeuls monuments de la ſcience qu'ils nous ont tranſmiſe.

La ſeconde période eſt celle de la renaiſſance des lettres après la priſe de Conſtantinople par les Turcs ; elle commence à Brunſelle & finit aux Bauhins.

La troiſieme peut s'appeller la période des ſyſtématiques, elle ſe termine à Linné.

C'eſt à lui que commence la quatriéme, celle des réformateurs, de Linné ſurtout qui a fait éprouver les plus grands changements à la ſcience & l'a établie ſur une nouvelle baſe.

La fin de cette diſſertation contient quelques obſervations relatives aux figures en bois, il paroît que Plantin fut le principal imprimeur en ce genre.

48. DEMONSTRATIONES PLANTARUM. Dé-monſtrations des Plantes. *J. G. Hojer. 1753.*

Ce traité eſt principalement à l'uſage de ceux qui ſuivoient les cours du jardin d'Upſal. Il contient une liſte des plantes exotiques qu'on y cultivoit; le nombre eſt de 1450. C'eſt le premier exemple de l'application des noms tri-viaux pour dreſſer des catalogues, & c'eſt en même tems une preuve de leur utilité. On y trouve une obſervation très-ſinguliere; pluſieurs plantes des contrées méridionales de l'Europe, donnerent des graines cette année ſans qu'on eût vu leur corolle; il eſt auſſi remarquable que des plantes Alpines & de Laponie ayent péri de froid dans la même température, mais le fait eſt véritable : c'eſt que dans leur pays natal elles ſont couvertes de neige & ainſi dé-fendues des injures de la ſaiſon.

49. HERBATIONES UPSALIENSES. Herboriſa-tion d'Upſal. *H. N. Fornander. 1753.*

Catalogue des plantes que le profeſſeur

feſſeur rencontre aux environs d'Upſal, dans ſes excurſions avec ſes éleves.

50. INSTRUCTIO MUSEI. Arrangement d'un Muſeum. *D. Hultman.* 1753.

Maniere de conſtruire un Muſeum pour y raſſembler, conſerver, & diſpoſer des individus de toutes les branches de l'Hiſtoire Naturelle; l'auteur y a joint une liſte des plus beaux cabinets de la Suéde.

TOME IV. 1760. 600 pages.

51. PLANTÆ OFFICINALES. Plantes officinales. *N. Gahn.* 1753.

Cette diſſertation eſt entiérement pharmaceutique, elle a été compoſée pour l'utilité des Apoticaires ſuédois; c'eſt le premier catalogue de plantes médicinales, auquel on a joint les ſynonymes de Linné; il contient, 1° un catalogue des plantes de la matiere médicale, au nombre de 580, avec les noms génériques & les noms ſpécifiques de Linné, qui y indique celles que les auteurs croyent qu'on devroit ſupprimer. On lit enſuite une inſtruction pour raſſembler & conſerver ces plantes & les parties dont on peut faire uſage.

2° Une lifte de ces plantes qui croiffent fpontanément en Suéde , dont plufieurs s'importent fans néceffité.

3° Une lifte de celles qu'on peut cultiver pour cet effet. Et enfin , une lifte des drogues qu'on importe des différentes parties du monde.

52. CENSURA SIMPLICIUM. Cenfure des fimples. *G. F. Carlbohm.*

Differtation fort inftructive. On y trouve après quelques obfervations préliminaires , deux liftes de fimples : la premiere des médicaments qu'on devroit bannir de la matiere médicale ; la feconde de ceux dont on peut tirer quelqu'avantage , & dont les propriétés font conftatées. En voici les noms.

Acmella.
Actææ *radix.*
Alkannæ *rad.*
Baccæ Norlandicæ.
Bella donna.
Britannicæ *herb.*
Chamæmori *baccæ.*
Campefcanum *lign.*
Camphoratæ *herb.*
Caffinæ *folia.*
Ceanothi *rad.*
Collinfonia.

Coridis *herb.*
Conyzæ *herb.*
Cotulæ *herb.*
Diervilla.
Dulcamara.
Elaterium album,
Faba Ignatii.
Fungus melitenfis.
Galium luteum.
Geum paluftre.
Hypociftis.
Juglandis *fruct,*

Lobeliæ *rad.*
Lapathi fanguinei *rad.*
Lauro-cerafi *folia.*
Linum catharticum.
Linnææ *herb.*
Meliffa canarienfis.
Mentha piperita.
Monardæ *herb.*
Mufcus caninus.
Mufcus cumatilis.
Myrti brabantici *herb.*
Pedicularis.
Peraguæ *folia.*

Phytolaccæ *fuc.*
Profluvii *rad.*
Ribes nigrum.
Sabadillæ *fem.*
Saponaria *nuclei.*
Scrophulariæ aquat. *R.*
Senegæ *rad.*
Serpentum *rad.*
Sophora.
Uvæ-Urfi *fol.*
Vitis Idææ *bac.*
Vulvariæ *herb.*

53. CANIS FAMILIARIS. Chien familier. *E. M. Lindecrantz. 1753.*

Cette hiftoire naturelle du Chien eft un des modeles les plus complets des defcriptions Zoologiques faites d'après les principes de Linné, indiqués dans fa méthode de démontrer, *Methodus demonftrandi.*

L'auteur penfe que toute la race doit fe réduire à une feule efpece diftinguée des autres animaux congeneres tels que le Renard, le Chien, l'Hyæne, &c. non-feulement par la queue qui eft ordinairement courbée du côté gauche, mais encore par la difpofition des fillons formés par les rangées de poils fur les différentes parties du corps, & le nombre & la fituation des verrues de la face. Ces caracteres auxquels on n'avoit pas encore fait attention font communs à toutes les variétés des chiens. L'auteur compte onze variétés qu'il décrit; il entre encore dans d'autre d'étail fur l'économie de cet utile & fidele animal, fur fes mœurs, fes maladies, &c. il prétend que les Lappons & les Dalécarliens ont un fecret pour défarmer à l'inftant le dogue le plus furieux, & l'obliger à fuir avec tous les fignes de la crainte qui lui font propres, en n'abboyant pas & en baiffant la queue. On dit que ce fecret n'eft pas inconnu en Angleterre.

54. STATIONES PLANTARUM. Stations des Plantes. *A. Hedenberg. 1754.*

Le but de cette differtation eft de prouver que la connoiffance du fol natal des plantes eft la véritable bafe de la théorie du jardinage. L'auteur regrette que les botaniftes aient fait trop peu d'obfervations de ce genre, ce qui a empêché plufieurs belles plantes de donner des fleurs & de fe perpétuer dans les jardins; il cite l'exemple remarquable de la *Nitraria Schoberi.* Spec. pl. 638. qui demeura 20 ans dans le jardin d'Upfal fans donner de fleur & qu'au bout de ce tems Linné rendit fertile en jettant du sel autour de la racine. La connoissance des Stations des plantes est aussi très-utile au botaniste & facilite ses recherches.

Chaque plante a une Station, un sol qui lui est propre, & dont on ne peut lui tenir lieu, quelque soin, quelque culture qu'on employe, cet axiome est également applicable à l'agriculture; l'auteur de cette dissertation donne le catalogue des plantes de Suéde, divisées en 6 classes selon les lieux où elles croissent.

1 Aquatiques.	4 Plantes des plaines.
2 Alpines.	5 Plantes des montagnes.
3 Plantes des bois.	6 Plantes parasites.

Il sous-divise ensuite les aquatiques en marines, maritimes, marécageuses, &c. on trouve ensuite la définition des termes qui expriment la nature des différents sols.

55. FLORA ANGLICA. Flore Anglaise. *J. O. Grufberg.* 1754.

Lorsque cet écrit fut publié, le systême de Linné n'avoit encore fait que peu de progrès en Angleterre; il a le mérite d'offrir la premiere distribution des plantes de ce royaume selon la méthode de Linné.

L'auteur

L'auteur jette d'abord quelques idées sur l'utilité des catalogues locaux ; il entre dans des détails généraux sur le climat de l'Angleterre, sur ses montagnes, sur les plantes qui lui sont particulieres. Ce royaume est principalement abondant en plantes marines.

Après avoir fait l'éloge des botanistes Anglais, & principalement de Ray, il donne le catalogue des plantes ; celles qui ne se trouvent pas en Suéde, sont marquées en italique.

56. Herbarium Amboinense. Herbier d'Amboine. *O. Stickman.* 1754.

L'Herbier d'Amboine est un des plus grands & des plus magnifiques ouvrages de botanique que le monde ait jamais vu. Nous le devons au zele infatigable de Rumphius, qui passa 40 années à Amboine ; il étoit consul de la compagnie des Indes Hollandoise ; il charmoit ses loisirs par une application soutenue & peu commune à l'étude de l'Histoire Naturelle, dont il cultiva les différentes branches, & particulierement la botanique. Il eut le malheur de perdre sa famille dans le fatal tremblement de terre de 1674 ; & quelques années après il fut privé de la vue, au moment où il méditoit son retour en Europe, après avoir rassemblé tous les matériaux pour fon ouvrage; il vécut 20 ans aveugle, & mourut en 1706.

Cet ouvrage comprend les plantes d'Amboine, de Malaca, de Banda & des Ifles voifines; il contient des defcriptions, excellentes pour leur tems, des plantes de l'Inde; il l'emporte pour les defcriptions, fur le jardin du Malabar, *Hortus Malabaricus*, mais il eft inférieur pour les planches. On trouve environ mille végétaux décrits dans cet ouvrage, & dont la plûpart étoient alors inconnus aux botaniftes d'Europe; il y en a environ 700 de gravés.

Le manufcrit fut près de 30 ans dans le dépôt de la compagnie des Indes : ce fut Burmann qui le tira de l'oubli & l'édita en 1741 ; il y a ajouté les fynonymes autant qu'il a pu, & les a joints à chaque defcription : il a rendu cet ouvrage encore plus utile par un index des fynonymes de Linné & de quelques uns du *Hortus Malabaricus.*

Les difciples de l'école de Linné regrettent beaucoup que l'*Herbarium Amboinenfe* n'ait pas été completé avant la publication des *Species plantarum*, parce que tous les fynonymes y auroient été ajoutés. L'intention de M. Stickmann eft de remédier à cet inconvénient. Les articles font difpofés comme dans l'ouvrge original, & le nom de Linné eft joint à chacun de ceux de Rumphius.

57. CERVUS TARANDUS. Le Renne. *C. F. Hoffberg.* 1754.

Hiftoire complette du Renne , *Cervus Ta-randus* , Syft. N. p. 93. Cet animal fait la richeffe , non - feulement des Lappons, mais encore de tous les habitans du Pole arctique ; c'eft principalement en Lapponie qu'il eft réduit à l'état de domefticité d'une maniere plus fpéciale; pendant l'été le Renne mange beaucoup de plantes , mais il en rejette une infinité qui font la nourriture des autres animaux; pendant l'hiver il ne fe nourrit que du Lichen des Rennes , *Lichen Rangiferinus* , dont les Alpes Norwé-gienes font .couvertes. Le Renne eft fujet à beaucoup de maladies & particulierement à une qui lui eft caufée par un infecte appellé l'Œftre du Renne, *Œftrus Tarandi* , Syft. Nat. p. 969.

Cet infecte dépofe fes œufs fur le dos des Rennes & en fait périr chaque année une quantité incroyable. V. Flor. Lap. p. 360.

58. OVIS. La Brebis. *J. Palmœrus.* 1754.

Cette differtation contient l'Hiftoire Naturelle de la Brebis, faite fur le même plan que la précédente; on y trouve une foule d'obferva-

tions curieufes, le genre, les efpeces &
les variétés y font décrites, & l'auteur y a
joint plufieurs obfervations phyfiologiques ; il
donne la lifte des plantes que les moutons
refufent, d'après le *Pan Juecus ;* elle monte à
140 efpeces ; il indique celles qui lui font principalement agréables. De ce nombre font
la Fetuque ovine, *Feſtuca ovina,* & la bourfe
à pafteur, *Thlaſpi Burſa paſtoris.* Il fait auffi
l'énumération de celles qui peuvent nuire à
l'animal & l'empoifonner. Telles font, la Prele,
Equiſetum arvenſe, la Renoncule flammette,
Ranunculus flammula, l'Offifrage, *Anthericum
Oſſifragum,* la Scorpione des marais, *Myo-
ſotis Scorpioides,* l'Anemone des bois, *Anemone
nemoroſa,* la Mercuriale vivace, *Mercurialis
perennis.*

L'auteur traitant des maladies des Brebis,
examine principalement l'Hydropifie occafion-
née par un ver dans le foie, *Faſciola Hepatica.* Syſt. p. 1077. Il penfe que la Brebis avale
ce ver dans les eaux marécageufes, & il propofe le fel pour en prévenir les effets. Voyez
la pathologie de cette maladie par le docteur
Nicholhs. Philos. Tranf. T. 49. p. 247. Cette
differtation doit avoir autant d'intérêt pour un
naturalifte & un amateur de l'économie rurale,

que la précédente pour un Lapon induf-
trieux.

59. MUS PORCELLUS. Cochon d'Inde. *J. J.
Nauman. 1754.*

Traité zoologique fur l'animal vulgairement
appellé Cochon d'Inde , le Cavia des Breziliens.
Linné le range parmi les rats, fous le nom
de *Mus porcellus.* Syft. p. 79. (142) L'auteur
y traite amplement de l'économie & des mœurs
de cet agile quadrupede. Les remarques font le
fruit d'obfervations longues & fuivies avec attention. Il prétend que le *Cavia* eft excellent
à manger.

60. HORTICULTURA ACADEMICA. Jardinage
académique. *J. G. Wolrath. 1754.*

Cette differtation fait fuite à celle du
n° 54 Stations des plantes , *Stationes plantarum.* C'eft le fyftême abregé des principes du
jardinage , appliquables aux jardins botaniques
& académiques ; l'auteur débute par cet axiome
que tout dépend d'une parfaite connoiffance
du climat de chaque plante , & du fol dans
le— il elle fleurit ; il cite pour exemple la Ri-
c— d'Egypte , *Ricotia Ægyptiaca* , Syft. pl.
p. — , que rien ne put faire fleurir ni fruc-

titier, jufqu'à ce que Linné eut confeillé de mêler de l'argile du nil, *argilla nilotica*, avec la terre du fol, & la plante réuffit à merveille.

L'auteur définit enfuite les termes que Linné a appliqué à chaque efpece de jardin ; (143) il indique la chaleur des différents climats, felon le thermometre de Celfius, & les différents fols qui leur font propres.

61. Chinensia Lagerstromiana. Curiofités chinoifes de M. Lagerftrom. *J. L. Odhelius.* 1755.

Lorfque le comte de Teffin, un des plus zélés protecteurs de Linné, étoit chancelier du Roi & préfident de l'académie royale des fciences, Linné obtint du directeur de la compagnie des Indes, un ordre pour que chaque vaiffeau eût un Naturalifte défrayé aux dépens du Roi. C'eft à cette inftitution que nous devons les découvertes de Ternftrom, Toren & Osbeck ; monfieur Lagerftrom qui aimoit les lettres & les fciences, fit venir à fes propres frais de la Chine un grand nombre de curiofités naturelles, & il en enrichit le Mufeum de l'Univerfité. On y diftinguoit particulierement une collection de plantes médicinales confervées dans les boutiques des Apothicaires chinois ; un Herbier chinois en 36 volumes *in-8°.* & dont deux confiſtent entierement en figures.

Ce petit traité offre la deſcription de plus de 50 articles d'hiſtoire naturelle, particulierement d'oiſeaux & de poiſſons, ſelon le ſyſtéme de Linné.

62. CENTURIA PLANTARUM. Centurie de plantes. *A. D. Juslenius.* 1755.

63. CENTURIA II. PLANTARUM. Seconde centurie de plantes. *E. Torner.* 1756.

Ces deux traités contiennent la deſcription des plantes rares & non décrites, adreſſées à Linné des différentes parties du monde. Celles décrites dans la ſeconde Centurie avoient été envoyées de Péronne, par Séguier, de Montpellier, par Sauvages, de Chelſea, par Muller; il y en avoit de Burmann qu'il avoit reçues du Cap de Bonne-Eſpérance. Le tems n'a point diminué l'utilité de cette diſſertation qui fait ſuite aux *Species plantarum.*

64. SOMNUS PLANTARUM. Sommeil des plantes. *P. Bremer.* 1755.

Le ſujet de cette diſſertation excita l'attention de tous les curieux de l'Europe. Les changements nocturnes auxquels certaines plantes font affujeties, & que l'auteur appelle fommeil, font plus fenfibles dans les plantes diadelphiques, & dans celles à feuilles pinnées. Ce changement confifte dans la pofition des folioles, qui différe la nuit de celle du jour. Les anciens n'ont prefque rien dit de cette propriété ; les obfervations ont été répétées fur 40 efpeces, qui font divifées en dix claffes, felon les différences que l'on obferve dans la pofition des feuilles pendant le fommeil. Le docteur Hill avoit commencé des expériences pour prouver que ce changement étoit dû à l'abfence de la lumiere, il les faifoit fur l'*Abrus precatorius*, Abrus à chapelet, plante dans laquelle Profper Alpin avoit auffi obfervé ce changement qui eft vraiment remarquable (144).

M. Pulteney a traduit cette differtation en Anglois. Voyez le *Gentleman magazine*. 1757. p. 315.

65. Fungus Melitensis. Champignon malthois. *J. Pfeiffer*. 1755.

Cette plante n'appartient point à la famille des Champignons, quoique fon nom l'indique, puifqu'elle produit des fleurs diftinctes ; elle eft de la Monœcie Monandrie, & elle eft appellée par Linné *Cynomorium Coccineum.* Sp. pl. 1375. Ce Champignon malthois eſt une plante paraſite qui n'a l'air que d'une ſimple tige groſſe comme le doigt & longue de cinq ou ſix pouces. Dans ſon état de fructification, la plante peut être regardée comme un *Amentum* ou Chaton. On la trouve en Barbarie, dans la Sicile & principalement à Malthe, ſur les troncs des arbres & des arbriſſeaux, comme l'*Aſarum hypopitys*, dont elle partage les propriétés médicales; c'eſt un puiſſant aſtringent.

66. METAMORPHOSIS PLANTARUM. Métamorphoſe des Plantes. *N. E. Dahlberg. 1755.*

Le plan que nous nous ſommes propoſés ne nous permet pas d'entrer dans beaucoup de détails ſur ce que l'auteur appelle métamorphoſe des plantes. Ce traité eſt un court abrégé de la doctrine de Linné ſur la phyſiologie des Végétaux. Selon lui, la fleur n'eſt que l'expanſion du tronc dans l'ordre ſuivant : l'écorce extérieure, *cortex*, forme la coupe ou calyce *perianthium* ; l'écorce antérieure ou *liber* forme les pétales ; la partie ligneuſe *lignum*, produit les étamines, & la partie médullaire, *medulla*, le piſtil ; ainſi, tout ce qui trouble l'organiſation de ces parties doit

faire éprouver de grands changemens à la plante
entiere. Tels font les effets que caufent les différences de fol, de climat, de culture , &c. c'eft
l'origine des variétés que nous offrent les végétaux ; cette doctrine eft ici confirmée par de
nombreux exemples , & le jeune botaniite eft
prévenu contre l'illufion que pourroit produire
fur lui l'effet de ces différentes caufes, qui jouent
un rôle fort étendu dans la création des végétaux.

67. Calendarium Floræ. Calendrier de Flore. *A. M. Berger. 1756.*

Ce Calendrier eft deftiné à montrer les progrès de la faifon par l'époque de la floraifon
des Végétaux, qui paroît établie pour chaque
efpece fur des loix invariables de la nature ;
l'auteur penfe, d'après plufieurs expériences, que
le tems de femer les grains, & de plufieurs
autres travaux agraires pourroit avoir des
regles plus fûres que l'ufage ; les tables ont été
draffées d'après des obfervations faites fur les
plantes indigènes de Suéde , dans le jardin
d'Upfal en 1755; l'époque des travaux agraires
a auffi un grand rapport avec celle de l'arrivée
& du départ des oifeaux. Cette thefe a été tra-

duite en anglois , par M. Stillingfleet, elle doit être jointe à celle du n° 46, *Vernatio arborum* (145).

68. FLORA ALPINA. Flore des Alpes.
N. N. Amann. 1756.

Les Alpes d'Europe produisent des plantes très-différentes des autres , & qu'il est impossible de cultiver dans des climats moins élevés. L'auteur de cette these étoit né dans une province voisine des Alpes de la Laponie, & il a cherché avec beaucoup de zele les plantes qu'on pourroit cultiver avec le plus d'avantage dans les contrées désertes, où les arbrisseaux mêmes ne parviennent jamais à leur hauteur naturelle, & où l'on ne voit pas un seul arbre droit.

D'abord il donne une liste de 400 plantes Alpines. Il désire qu'on établisse un jardin dans les Alpes mêmes, afin de déterminer avec précision quelles sont les plantes exotiques qu'on pourroit introduire en Laponie, & il termine par l'énumération de quelques plantes officinales qu'il croit qu'on y pourroit cultiver avec avantage.

69. FLORA PALÆSTINA. Flore de Palestine.
B. J. Strand. 1756.

Plusieurs commentateurs ont essayé de déterminer les plantes des livres sacrés, mais aucun
ne l'a fait avec plus de succès qu'Olaus Celsius,
dans son *Hierobotanicon* ; il étoit à la fois excellent botaniste, & très-savant dans les langues
orientales. Il se plaignoit de ce que les mission-
naires de l'Eglise Romaine ne donnoient
aucune attention à l'Histoire Naturelle, & de ce
que la Palestine avoit été entiérement négligée.
C'est ce qui lui faisoit tant désirer qu'on re-
couvrât les collections de son compatriote Has-
selquitz, & ce qui fut cause de sa grande joie,
quand on les eut rachetées. Il espéroit qu'elles
jetteroient un grand jour sur l'objet favori de
ses travaux, la phytologie de l'écriture ; Has-
selquitz avoit reçu des instructions à ce sujet,
& cette Flore, fruit de ses découvertes, prouve
à quel point il s'en étoit occupé.

Ce catalogue est dans la forme ordinaire des
autres flores de cette collection, on n'y trouve
que les noms génériques & triviaux ; l'auteur
a aussi introduit quelques plantes d'après l'autorité de Rauwolf, Prosper Alpin, Schaw, Pocock

& Gronovius, le nombre des efpeces eft de 600 : M. Strand y a joint les noms de Celfius autant qu'il étoit poffible ; il eft fâcheux que l'auteur de l'*Hierobotanicon* n'ait pas affez vécu pour en donner une feconde édition , ces matériaux lui auroient été fort utiles.

70. FLORA MONSPELIENSIS. Flore de Montpellier. *T. E. Nathorft. 1756.*

L'heureufe fituation de Montpellier & fes différents lits rendent cette flore une des plus confidérables. Le voifinage des hautes montagnes & des grandes forêts, & fa fituation maritime, y font croître des plantes du nord de l'Europe & du nord de l'Afrique ; ce catalogue eft compofé fur le *Botanicon Monspelienfe* de Magnol 1688 , & le *Methodus foliorum* de Sauvages : la flore de Montpellier a été bien enrichie depuis par l'ouvrage de M. Gouan.

71. FUNDAMENTA VALETUDINIS. Fondements de la fanté. *P. Engftrom. 1756.*

L'auteur de cette thefe établit la fanté fur deux bafes : 1° la fanté des peres, 2° l'éducation. Il eft prouvé que les maux des peres fe tranfmettent aux enfans. Il prefcrit un ré-

gime aux meres pendant la groſſeſſe & pendant
qu'elles allaitent, & termine par faire ſentir aux
jeunes gens les ſuites funeſtes de l'intem-
pérance.

72. SPECIFICA CANADENSIUM. Spécifiques des
Canadiens. *J. Von Coelln.* 1756.

L'auteur préſente dans la premiere partie de
cette theſe, un abregé des progrès de la medecine ; il condamne les remedes compoſés, &
il penſe que l'application des remedes les plus
ſimples fera avancer la ſcience. Cela le conduit à
recommander aux médecins un certain nombre
de ſimples du regne végétal, que les naturels de
l'Amérique ſeptentrionale employent utilement
pour la guériſon de leurs maladies. Cette theſe
peut être conſidérée comme une matiere médicale des Indiens, chez leſquelles, comme
chez toutes les nations barbares, la médecine
n'eſt qu'un empiriſme ; on ne peut douter
qu'une longue expérience n'ait confirmé l'efficacité de pluſieurs de leurs remedes. Ce catalogue contient 40 plantes & l'auteur propoſe
d'en cultiver quelques-unes en Europe, pour
la pharmacie, telles ſont :

Aralia nudicaulis.	Aralia à tige nue.
Collinſonia Canadenſis.	Collinſonia du Canada.
Lobelia Siphylitica.	Lobelia Siphylitique.

Rumex Britannica.	Rumex Britannique.
Polygala Senega.	Polygala Senega.
Actæa racemosa.	Actea en grappe.
Phytolacca americana.	Phytolacca américaine.
Geum rivale.	Geum des rivages.

73. ACETARIA. Salades. *H. Von der Burg.* 1756.

L'auteur indique les avantages & les inconvéniens de manger des Végétaux cruds ; il fait voir quelles font les tempéramens auxquels cette nourriture eft convenable. Après avoir traité des qualités de l'huile & du vinaigre, il décrit les propriétés des Végétaux qu'on mange en Europe en falades ; il en compte dix-huit efpeces.

74. PHALÆNA BOMBYX. Le ver à foie. *J. Lyman.* 1756.

Hiftoire du Ver à foie, *Phalæna mori.* Syft. Nat. p. 817. de fon éducation & des différentes efpeces de Murier dont il fe nourrit. Le Murier blanc eft préférable au rouge & au noir. L'auteur penfe qu'il eft probable que la foie a été découverte par les Chinois, & que l'ufage aura

paffé de-là chez les Perfans. L'empereur Jufti-
nien vouloit naturalifer les Vers à foie en
Italie , mais fes tentatives ne furent pas heu-
reufes , & on ne fçut les élever dans cette
contrée que vers 1130 , en Sicile , d'où il
font devenus communs dans les autres parties
de l'Europe.

L'auteur cite une efpece de ver à foie *Phalæna Atlas*, Syft. Nat. p. 808, dont les Cocons
font une fois plus gros que ceux du ver à foie
ordinaire, mais ils font difficiles à dévider &
il faut les filer.

75. Migrationes Avium. Migrations des
Oifeaux. *C. D. Ecmark.* 1757.

Cette differtation eft une des plus complette de
celles qui ont été publiées fur ce fujet curieux,
qui offre de grandes obfcurités ; la caufe de ces
migrations relativement aux différentes efpeces
d'oifeaux, & les lieux qu'ils vont chercher étant
peu connus. On ne fauroit douter que le plus
grand nombre ne foit conduit par la facilité
de trouver une nourriture convenable dans
une contrée plus éloignée lorfque la faifon
change, & la fûreté pendant l'incubation.

M. Ecmark obferve que le plus grand nombre

des

des oifeaux émigrants appartient aux ordres *Anferes* & *Grallæ*. Les premiers pondent dans les régions les plus feptentrionales, où felon Linné ils obfcurciffent l'air par leur nombre ; ils gagnent les régions plus méridionales lorf- que les lacs & les rivieres gêlent. Plufieurs oi- feaux de l'ordre *Pafferes* font auffi émigrants. Les Infectivores fe retirent vers le Nord à l'ap- proche de l'hiver, & les autres dans cette fai- fon viennent nous vifiter pour chercher des baies.

M. Ecmark offre d'une maniere plus com- plete le catalogue de toutes les efpeces connues d'oifeaux émigrants, exotiques ou indigènes à la Suéde. Il indique toutes les efpeces citées dans les ouvrages de Catesby, Klein & Haffelquitz. Il fait mention autant qu'il eft poffible, en parlant de chaque efpece, du tems de fon émi- gration, des lieux qu'elle va chercher, de fa nourriture, &c. & il y joint plufieurs autres re- marques curieufes & intéreffantes.

Fin du Tome Ier.

ERRATA

Du premier Volume.

PAGE 132, Chrysomeles, *lisez* Chrysomela.
P. 144. Leticornes, *lisez* Seticornes.
P. 186. lig. 9. Ruppins, *lisez* Ruppius.
P. 191. lig. 20. Weinmanni, *lisez* Weinmannia.
P. 193. lig. 20. De, *lisez* Des.
P. 203. lig. 7. Perfection, *lisez* Imperfections.
P. 212. lig. 2. Nitreux, *lisez* Vitreux.
P. 214. lig. 13. Pending, *lisez* Poudding.
P. 218 lig. 14. Ambre, *lisez* Succin.
P. 239. Buffenites, *lisez* Buffonites.
P. 263. lig. 6. Panophobie, *lisez* Panophobia.
P. 266. Oblivia, *lisez* Oblivio.
P. 273. lig. 10. Lencorrhea, *lisez* Leucorrhea.
P. 275. lig. 24. Lencophlegmatia, *lisez* Leucophlegmatia.
P. 285. lig. 20. Condyloma, *lisez* Chondyloma
P. 290. lig. 1. Serment, *lisez* Ferments.
P. 295. lig. 6. Qui en fut le Premier Président, *lisez* qui le premier en fut le Président. *Id.* lig. 26 Tridactyls, *lisez* Tridactyles.
P. 324. lig. 17. Valeur, *lisez* Utilité.
P. 343. lig. 17. Signifie, *lisez* un autre signifie.
P. 347. lig. 5. Cimituga, *lisez* Cimicifuga.
P. 352. lig. 22. Catapuntia, *lisez* Opuntia.
P. 354. lig. 10. Point, *lisez* Terme.
P. 368. lig. 16. *effacez* Ensuite.
P. 381. lig. 10. Lits, *lisez* Sites.

www.ingramcontent.com/pod-product-compliance
Lightning Source LLC
LaVergne TN
LVHW011228170726
843501LV00002B/413